Paul Matthys

Synthese unter Schutzgas

Foto des Autors etwa zur Zeit der Erstellung des Buches

Paul Matthys

Synthese unter Schutzgas

Praktische Anleitung zur Erhaltung einer inerten Atmosphäre über sauerstoff- und feuchtigkeitsempfindlichen Substanzen und Reaktionsgemischen.

Ratgeber vom Praktiker für Arbeiten in einem chemischen Labor.

Bibliografische Information der Deutschen Nationalbibliothek: Die Deutsche Nationalbibliothek verzeichnet diese Publikation in der Deutschen Nationalbibliografie; detaillierte bibliografische Daten sind im Internet über dnb.dnb.de abrufbar.

Copyright Text und Illustrationen
© 1967 - 2017 by Paul Matthys

Herstellung und Verlag: BoD – Books on Demand, Norderstedt

ISBN: 978-3-7448-9263-6

Brief anstelle eines Vorwortes des Herausgebers

Lieber Paul

Vor Urzeiten – es mögen so an die 50 Jahre her sein – hast Du das vorliegende Sachbuch geschrieben. Damals war die Veröffentlichung schlicht zu teuer; so verstaubte das Manuskript in einem Deiner Bücherregale.

Irgendwann einmal hattest Du die wahnwitzige Idee, mir das Manuskript auszuleihen, weil ich Dich darum bat. Ich bin überzeugt, dass Du inzwischen glaubst, das Manuskript sei bei Deinem Umzug vor geraumer Zeit verloren gegangen. Das ist – wie Du siehst – nicht der Fall. Ich wollte nämlich das Buch unbedingt doch noch veröffentlichen. Das wurde mir nicht alleine dadurch erleichtert, dass es heute viel einfacher und auch günstiger ist, ein Buch im Eigenverlag herauszugeben, als noch vor fünfzig, ja sogar als vor zwanzig oder zehn Jahren.

Bitte verzeih mir kleinste Korrekturen und das angefügte Stichwort-Verzeichnis; bei Deinem nächsten Buch werde ich mich noch mehr zurückhalten. So wünsche ich Dir als Autor nochmals eine vergnügliche, wenn auch späte, Lektüre Deines Buches. Jedem Laboranten und jeder Laborantin, deren Arbeit durch die Anwendung Deiner Kenntnisse erleichtert wird, wünsche ich natürlich das Gleiche.

Wie Du unschwer erraten wirst, widme ich die Veröffentlichung dieses Buches ganz Dir. Du hast es verdient.

Dein Bruder Kurt

Vorwort des Verfassers

Gewisse Gebiete in der Chemie – vor allem der metallorganischen Chemie – behandeln Stoffe mit grosser chemischer Reaktionsfreudigkeit. Viele dieser Substanzen zersetzen sich spontan bei Kontakt mit Sauerstoff oder Feuchtigkeit. Neben Wasser wirken oft weitere polare Verbindungen, wie die niederen Alkohole und Ketone, zersetzend. Einige dieser Stoffe sind ausserdem noch Licht- oder Wärmeempfindlich.

Es liegt auf der Hand, dass die Arbeit mit solchen Chemikalien oder deren Synthese in der Praxis manches Problem aufwirft. Vorliegendes Manuskript beschreibt eine Arbeitstechnik, die geeignet ist, mit den entstehenden Problemen besser fertig zu werden. Sie hat sich in der Forschung bereits während mehreren Jahren bewährt. Sie erlaubt es, extrem reaktionsfreudige Substanzen zu synthetisieren und mit ihnen zu arbeiten, ohne sie gleich wieder zu zerstören.

Zürich, 1967 – 2017　　　　　　　　　　　　　　　　P. Matthys

Inhaltsverzeichnis

Brief anstelle eines Vorwortes des Herausgebers   3
Vorwort des Verfassers   4
Inhaltsverzeichnis   5
Abbildungsverzeichnis   7
Tabellenverzeichnis   9
I Teil   Grundbegriffe   10
   Kapitel 1   Schutzgasanlage   10
     a.   Aufbau 10
     b.   Schutzgas 13
     c.   Überdruckventil 15
     d.   Vakuumpumpen 18
   Kapitel 2   Über die Schliffnormen   19
   Kapitel 3   Sicherung der Schliffe   22
   Kapitel 4   Entgasung   24
   Kapitel 5   Kühlmittel   26
   Kapitel 6   Ausschluss von Licht   27
   Kapitel 7   Feuergefährliche Lösungsmittel   28
II Teil   Apparaturen   31
   Kapitel 8   Apparaturen   31
     a.   Rundkolben 34
     b.   Schlenk 35
     c.   Fritte und Eintauchnutsche 37
     d.   Tropftrichter 42
     e.   Kühler und Kühlfalle 44
     f.   Kleine Zutaten 46
III Teil   Arbeitstechnik   48
   Kapitel 9   Agitation   48
     a.   Magnetrührer 49
     b.   Brunnerrührer 54
     c.   Vibrator 56
     d.   Schüttelmaschine 57

Kapitel 10	Erwärmen	58
Kapitel 11	Kühlung	60
Kapitel 12	Eintropfen	63

a. Einfaches Eintropfen 63
b. Einleiten grosser Mengen einer Flüssigkeit 69
c. Einleiten einer Flüssigkeit ohne freien Fall 72
d. Eintropfen und gleichzeitiger Rückfluss 74

Kapitel 13	Rückfluss und Destillation	76

a. Rückfluss 76
b. Einfache Destillation 78
c. Einengung 80
d. Einengung und gleichzeitiger Transport in ein kleineres Gefäss 87
e. Fraktionierte Destillation 88

Kapitel 14	Filtration	92

a. Direkte Filtration 95
b. Umgekehrte Filtration 102

Kapitel 15	Dekantieren	105

a. Abgiessen der oberen Flüssigkeit 106
b. Siphonieren einer Flüssigkeit 108
c. Dekantieren mittels Tropftrichter 110

Kapitel 16	Abpipettieren	112
Kapitel 17	Umfüllen	116

a. Transport von einem Schliffgefäss in ein anderes 116
b. Abfüllen von Ampullen 121
c. Öffnen und entleeren von Ampullen 129
d. NMR-Röhrchen und Cuvetten 130

Kapitel 18	Arbeiten im Autoklaven	131
Glossar		134
Stichwortverzeichnis		135
Nachwort des Herausgebers		139

Abbildungsverzeichnis

Abbildung 1: Anlage zur Arbeit unter Schutzgas ... 10
Abbildung 2: Verschluss des Stickstoffschlauches ... 13
Abbildung 3: Sauerstoffabsorbierende Kolonne ... 14
Abbildung 4: Einsatz von nachgereinigtem Stickstoff ... 15
Abbildung 5: Überdruckventil ... 16
Abbildung 6: Normschliff / Kugelschliff / Interkey ... 19
Abbildung 7: Tefloflexhahn ... 20
Abbildung 8: Sicherung der Schliffe mit Gummis ... 23
Abbildung 9: Sicherung mit Stahlfederchen ... 23
Abbildung 10: Ausschluss von Licht ... 27
Abbildung 11: Feuergefährliche Lösungsmittel ... 28
Abbildung 12: Durchlass eines Küken ... 31
Abbildung 13: Problem nicht entgaster Teile ... 32
Abbildung 14: Stickstoffwirbel ... 33
Abbildung 15: Rundkolben ... 34
Abbildung 16: Schlenk ... 35
Abbildung 17: Frittentypen ... 38
Abbildung 18: Fritte als Vorratsgefäss ... 40
Abbildung 19: Kühlbare Fritten ... 41
Abbildung 20: Eintauchnutschen ... 41
Abbildung 21: Tropftrichter-Typen ... 42
Abbildung 22: Spezialtropftrichter ... 43
Abbildung 23: Kühlertypen ... 44
Abbildung 24: Kühlfallen ... 45
Abbildung 25: Brunnerrührer ... 46
Abbildung 26: Geschlossene Hülse ... 47
Abbildung 27: Prinzip Magnetrührer ... 49
Abbildung 28: Magnetrührtypen ... 50
Abbildung 29: Lösen der Kristalle vom Gefäss ... 51
Abbildung 30: Eisen blockiert das Magnetfeld ... 52
Abbildung 31: Rührmagnet und Dewargefässe ... 53

Abbildung 32: Separater Einfüllstutzen 55
Abbildung 33: Vibrator 57
Abbildung 34: Heizband und Heizmantel 59
Abbildung 35: Apparatur bei ansaugendem Kryostatanschluss 61
Abbildung 36: Gefäss mit Kühlwindungen 62
Abbildung 37: Schneller Wechsel unter Stickstoffstrom 64
Abbildung 38: Beschicken Tropftrichter unter Stickstoffstrom ... 65
Abbildung 39: Vergleich Tropfen / Kugeln 66
Abbildung 40: Eintropfen ins Rotationszentrum 67
Abbildung 41: Der Trick mit dem Polyäthylenschlauch 68
Abbildung 42: Siphon-System 70
Abbildung 43: Rückflusskühler 71
Abbildung 44: Leicht flüchtige Edukte 73
Abbildung 45: Eintropfen und gleichzeitiger Rückfluss 74
Abbildung 46: Rückflussapparatur 77
Abbildung 47: Stickstoffdruck vs. Vakuum 79
Abbildung 48: Einengung 80
Abbildung 49: Überdimensionierte Kühlfalle 82
Abbildung 50: Wasserstrahlpumpe & flüssiger Stickstoff 83
Abbildung 51: Rasches Einengen 85
Abbildung 52: Schonungsvolles Abdampfen 86
Abbildung 53: Abdampfen voluminöser Lösung 87
Abbildung 54: Fraktionierte Destillation 89
Abbildung 55: Thörner-Apparat beim Fraktionenwechsel 90
Abbildung 56: Filter mit Über- und Unterdruck 92
Abbildung 57: Filtrationsapparatur, die entgast wird 94
Abbildung 58: Wechsel Filtrationsapparatur unter Stickstoff 95
Abbildung 59: Neigen der Apparatur 97
Abbildung 60: Zurückklopfen Kristallisat 98
Abbildung 61: Vakuum-Vorstoss 100
Abbildung 62: Detail Eintauchnutsche 102
Abbildung 63: Regulierung Eintauchtiefe 103
Abbildung 64: Dekantieren: Verbindungsstücke 106

Abbildung 65: Dekantieren: abgiessen oberer Flüssigkeit 107
Abbildung 66: Siphonieren 108
Abbildung 67: Trennung von Flüssigkeiten mit Tropftrichter 111
Abbildung 68: Pipettier-Hilfsmittel 112
Abbildung 69: Arbeiten mit Pipette und Propipette 113
Abbildung 70: Sehr sauber auszuführende Arbeiten 114
Abbildung 71: Krümmer als Drehlager 117
Abbildung 72: Umfüllen empfindlicher Festkörper 118
Abbildung 73: Arbeiten mit gekrümmtem Kegel 119
Abbildung 74: Gerader Kegel 120
Abbildung 75: Einfache Ampullen fertigen 121
Abbildung 76: Entgasung von Ampullen 122
Abbildung 77: Füllen der Ampullen 123
Abbildung 78: Kegel mit Teflonband 124
Abbildung 79: Koppeln der beiden Gefässe 125
Abbildung 80: Hilfsmittel Zeigefinger 126
Abbildung 81: Verschliessen der Ampulle 128
Abbildung 82: Öffnen der Ampulle 129
Abbildung 83: Abbrechen des Ampullenhalses 130
Abbildung 84: Autoklav mit Gummistopfen 131
Abbildung 85: Autoklav mit Weichmetalldichtung 132
Abbildung 86: Ursprüngliche Kostenschätzung 140

Tabellenverzeichnis

Tabelle 1: Dampfdruck des Wassers 12
Tabelle 2: Normschliffe 20
Tabelle 3: Kühlmittel 26
Tabelle 4: Porengrösse bei Glasfiltern (Fritten) 37

I Teil   Grundbegriffe

In diesem Teil wird der Aufbau einer Apparatur erklärt, die es ermöglicht, eine inerte Atmosphäre in beliebigen Gefässen aufzubauen und zu erhalten. Auf die bei Arbeiten unter Schutzgas auftretende neue Situation in Bezug auf leichtflüchtige Substanzen und deren Entzündbarkeit gehe ich in Kapitel 7 unter „Feuergefährliche Lösungsmittel" kurz ein.

Kapitel 1 Schutzgasanlage

a. Aufbau

Um empfindliche Substanzen vor Umwelteinflüssen wie Feuchtigkeit, Luftsauerstoff usw. zu schützen, bedeckt man sie mit einem inerten Gas. Als Schutzgase kommen Stickstoff und die Edelgase wie Helium, Neon oder Argon in Frage. Mit den im Folgenden beschriebenen Apparaturen lässt sich nach dem oben stehenden Prinzip arbeiten.

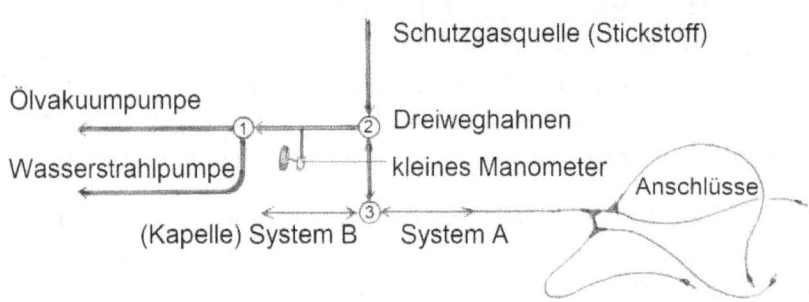

Abbildung 1: Anlage zur Arbeit unter Schutzgas

Die in Abbildung 1 schematisch wiedergegebene Anlage lässt über Hahn 1 die Wahl zwischen Wasserstrahlvakuum und Ölpumpenvakuum. Hahn 2 ermöglicht einen raschen Wechsel zwischen Stickstoffstrom und Vakuum. Ein zweites System (B), das über Hahn 3 zugeschaltet wird, erlaubt für gewisse Arbeiten ein Ausweichen. System B kann sich zum Beispiel in einer Kapelle (Abzug) befinden.

Wasserstrahlpumpen sollten wegen ihres hohen Enddruckes von 7 bis 14 Torr nur dann zum Einsatz gelangen, wenn eine Arbeit die Ölpumpe gefährden würde oder wenn keine Ölpumpe zur Verfügung steht. Ausserdem sollen sie bei angeschlossenem System ihr Optimalvakuum nie erreichen. Bei diesem Druck beginnt nämlich das durch die Pumpe fliessende Wasser zu sieden, was sich dadurch bemerkbar macht, dass das Rauschen des Wassers in eine höhere Tonlage überwechselt. Es kann dann gasförmig in alle Teile des Systems gelangen. Die untere Grenze des Wasserstrahlvakuums ist durch den Dampfdruck des verwendeten Wassers mit einer bestimmten Temperatur gegeben. Eine Flüssigkeit beginnt nämlich zu sieden, sobald der umgebende Druck nicht mehr grösser ist, als der Dampfdruck der Flüssigkeit. Damit Sie es nicht selbst nachschlagen müssen, habe ich in Tabelle 1 auf Seite 12 die Dampfdruckwerte des Wassers für verschiedene Temperaturen angegeben:

Temperatur	Druck	Temperatur	Druck
0°C	4,579 Torr	9°C	8,609 Torr
5°C	6,543 Torr	10°C	9,209 Torr
6°C	7,013 Torr	15°C	12,788 Torr
7°C	7,513 Torr	20°C	17,535 Torr
8°C	8,045 Torr		

Tabelle 1: Dampfdruck des Wassers

Oberhalb des genannten Druckes liegt Wasser als Flüssigkeit vor. Es könnte sich nun noch im Schutzgas gelöst ausdehnen. Solange jedoch das Optimalvakuum der Pumpe nicht erreicht ist, bleibt ein Gasstrom in Richtung Pumpe erhalten. Dieser Fluss verhindert das Eindringen von mit Wasser gesättigtem Schutzgas aus der Wasserstrahlpumpe in das System. Es empfiehlt sich, für alle Eventualitäten, eine Wasserstrahlpumpe mit Rückschlagventil zu verwenden.

Vier Anschlüsse an einem System sind zweckmässig. Bei weniger Anschlüssen wird man bald einen vermissen, bei mehr wird das Ganze etwas unübersichtlich. Diejenigen Teile des Systems, welche leicht zu bewegen sein müssen, bestehen aus Gummischläuchen mit 6 mm Innendurchmesser und 12mm Aussendurchmesser. Echte Vakuumschläuche mit 18mm Aussendurchmesser würden hier zu schwerfällig wirken. Jeder Anschluss ist frei bewegbar und weist eine Länge von ca. 1m auf. Die einzelnen Anschlussschläuche werden mit y-Rohren zu Systemen (à vier Anschlüsse) zusammengefasst. Anschlüsse, welche gerade nicht benötigt werden, verschliesst man am besten mit kurzen, auf beiden Seiten rundgeschmolzenen Glasstäbchen von 6 bis 8 cm Länge und 8 mm Durchmesser.

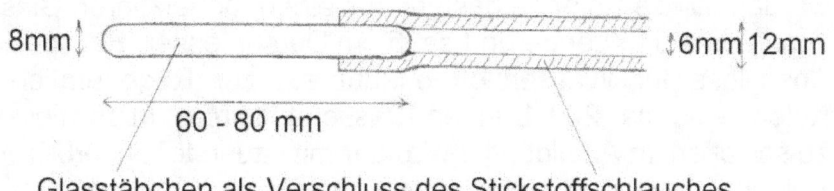

Glasstäbchen als Verschluss des Stickstoffschlauches

Abbildung 2: Verschluss des Stickstoffschlauches

Der erwähnte, für ein Stickstoffsystem äusserst praktische Schlauch ist kein vollwertiger Vakuumschlauch. Muss ein Gefäss längere Zeit unter Hochvakuum (10^{-3} - 10^{-2} Torr) gesetzt werden, so ist er durch einen Vakuumschlauch zu ersetzen. Der Stickstoffschlauch klappt unter Hochvakuum zwar nicht zusammen, bei Hochvakuum können jedoch kleinere Mengen Luftsauerstoff oder Feuchtigkeit durch die Poren des Gummis eindringen.

b. *Schutzgas*

Wie schon erwähnt kommen als Schutzgase Stickstoff und die Edelgase in Frage. Für die meisten Arbeiten genügt der relativ billige Stickstoff. Ich werde im Folgenden deshalb nur noch von diesem Schutzgas sprechen. Er soll jedoch in einer Reinheit von 99.999% vorliegen (z.B. nachgereinigter Stickstoff der Sauerstoff-Wasserstoff-Werke SWW Luzern[1]). Ist das nicht möglich, so muss zwischen die Gasflasche und den übrigen Teil der Anlage eine Kolonne mit regenerierbaren Kupferoxidzylinderchen geschaltet

---

[1] Anm. d. Hg: Existiert zur Zeit der Drucklegung nicht mehr. Vermutlich kann jetzt z.B. GarbaGas das gewünschte Gas liefern.

werden. Diese Kolonne besteht aus einem beheizbaren Glasrohr von 1 bis 1,5 m Länge und ca. 5 cm Durchmesser. Ein spezieller Anschluss für Wasserstoff erlaubt es, zur Regeneration der Kolonne bei ca. 200°C einen Wasserstoffstrom durch dieselben zu schicken. In Abbildung 3 wird der mit sauerstoffabsorbierender Kolonne versehene Schutzgasteil gezeigt:

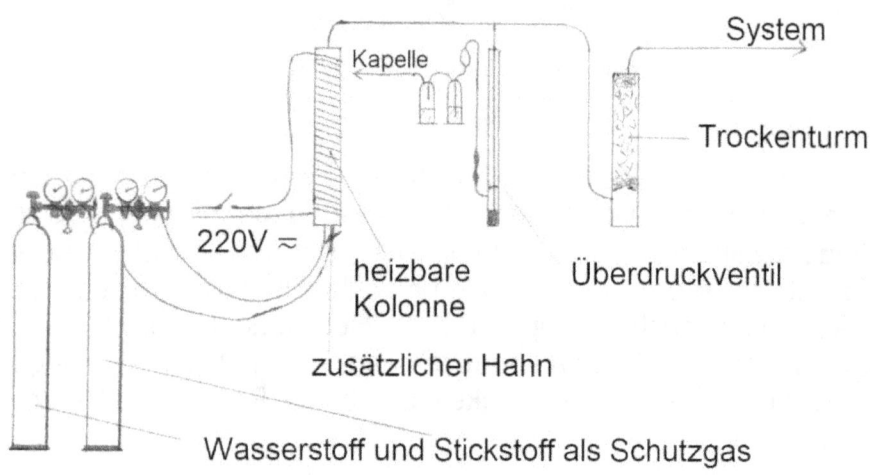

Abbildung 3: Sauerstoffabsorbierende Kolonne

Einfacher sieht es aus, wenn der eben erwähnte nachgereinigte Stickstoff zum Einsatz gelangt (siehe Abbildung 4):

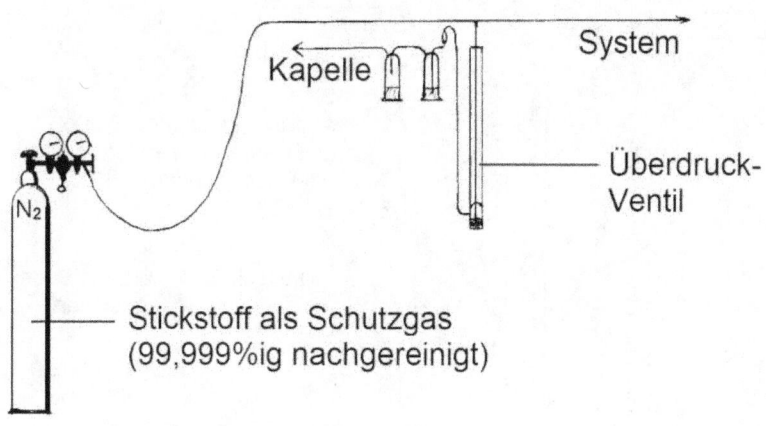

Abbildung 4: Einsatz von nachgereinigtem Stickstoff

c. *Überdruckventil*

Es gibt einfachere Überdruckventile als das in Abbildung 5 auf Seite 16 gezeigte. Viele sind jedoch nicht sehr zuverlässig. Entweder lassen sie bei evakuiertem System Quecksilber in dasselbe eindringen oder sie sind gerade verstopft, wenn sie einen im Innern des Systems herrschenden Stickstoffüberdruck entspannen sollten. Das kann dann zu einem Auseinanderfliegen des schwächsten Teils in der Anlage führen.

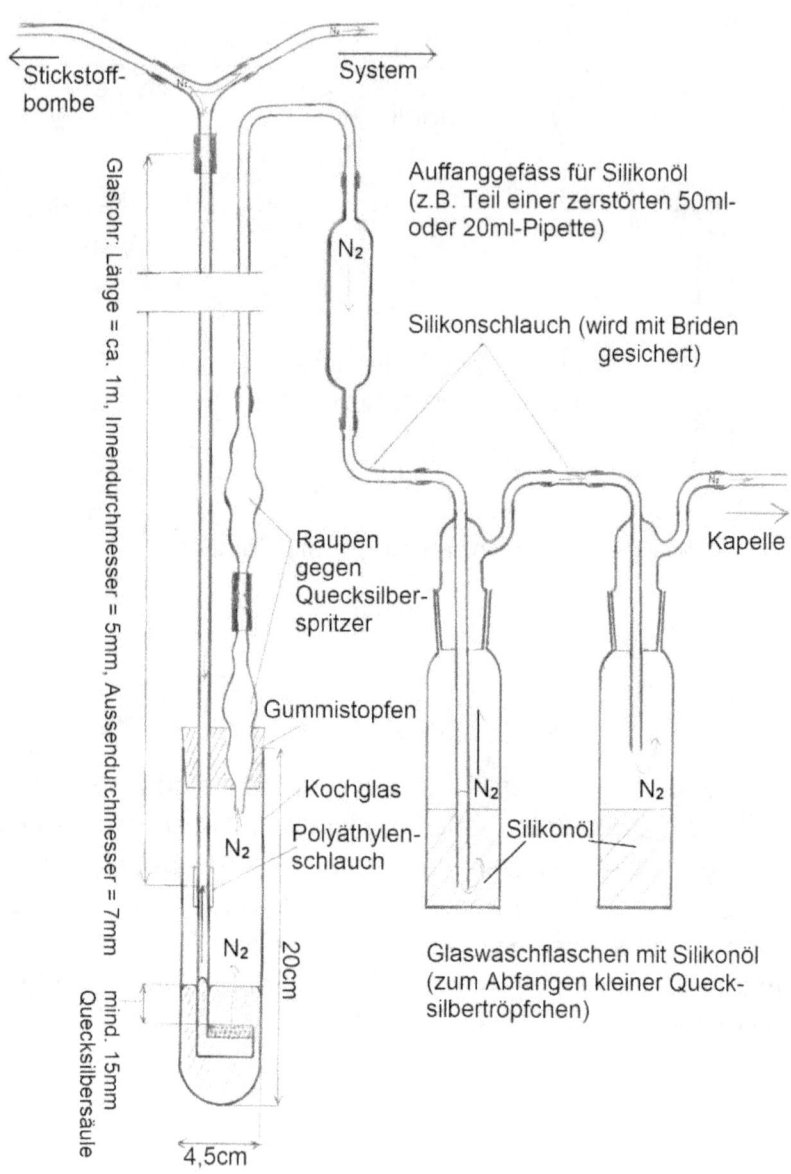

Abbildung 5: Überdruckventil

Verlangt wird, dass auf der Seite des Systems über längere Zeiträume hinweg ein Hochvakuum besteht, ohne dass über das Quecksilberventil Luft, Feuchtigkeit oder Quecksilber eindringt. Nur so ist es möglich, die ganze Anlage bis zum Manometer der Gasflasche hin zu entgasen und zu trocknen. Ferner sollen grosse Stickstoffmengen pro Zeiteinheit über das Ventil abfliessen können, damit im Innern des Systems nur ein Überdruck von wenigen Torr entsteht. Das verwendete Quecksilber darf nicht in Form von Tröpfchen in den Raum ausgestreut werden. Auf diese für die Gesundheit der in dem betreffenden Raum arbeitenden Menschen äusserst wichtige Eigenschaft des Ventils wurde bei seiner Konstruktion ein besonderes Augenmerk gerichtet. Die noch in den Raum gelangenden Quecksilberdämpfe sind minim. Es ist trotzdem keine schlechte Idee, vom Ausgang des Quecksilberventils aus einen Schlauch in den nächsten Abzug zu leiten. Die aus Glas bestehenden Teile am Ventil, die mit Quecksilber Kontakt haben, können mit durchscheinenden Kunststoffschläuchen geschützt werden. Das in Abbildung 5 gezeigte Kochglas umgibt man mit einem Kunststoffgefäss (Pulverflasche o. Ä.).

Einfachere Quecksilberventile sollen, wenn sie schon verwendet werden, zumindest in der Kapelle aufgestellt werden.

Eine Ausnahme bilden Quecksilbersperrventile für kleine Durchflussmengen, die zwischen zwei Fritten[2] (unten G5, oben G4) etwas Quecksilber enthalten. Sie sind etwas sicherer als die üblichen gläsernen Rückschlagventile.

---

[2] Anm. d, Hg: Gemeint sind hier Glas-Filter-Fritten. Siehe Tabelle 4 auf Seite 37.

d. *Vakuumpumpen*

Wie schon unter Abschnitt "a" gesagt, empfiehlt es sich für die meisten Arbeiten, kleinere Ölpumpen zu verwenden (Leybold, Pfeiffer usw.). Wasserstrahlpumpen sollen nur beim Absaugen von Lösungsmitteln oder korrosiven Substanzen verwendet werden. Dabei ist es vorteilhaft, immer einen ganz leichten Stickstoffstrom in Richtung Wasserstrahlpumpe zu unterhalten.

Kapitel 2 Über die Schliffnormen

Es soll möglichst nur mit Normalschliffapparaturen gearbeitet werden.

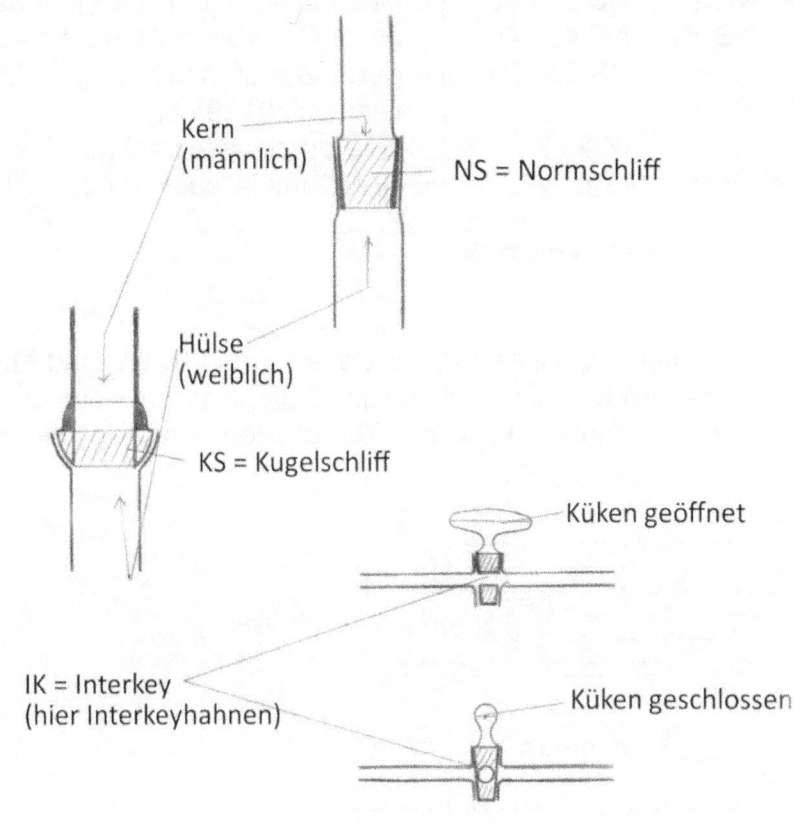

Abbildung 6: Normschliff / Kugelschliff / Interkey

Nachstehende Tabelle 2 (Seite 20) gibt eine Übersicht über die wichtigsten Schliffe:

Bezeichnung: alt:	neu:	Bedeutung der neuen Bezeichnung
NS 12	NS14,5 / 23	grosser Ø des Schliffes = 14,5 mm / Länge = 23 mm
NS 26	NS 29 / 32	grosser Ø = 29 mm / Länge = 32 mm
NS 36	NS 40 / 40	grosser Ø = 40 mm / Länge = 40 mm
	KS 35 / 25	grosser Ø = 35 mm / Länge = 25 mm / entspricht NS 29 / 32
	IK 2 / 2	Ø des Durchlasses = 2 mm
	IK 4 / 4	Ø des Durchlasses = 4 mm

Tabelle 2: Normschliffe

Interkeyhahnen mit der Bezeichnung IK 2/2 sind für unsere Zwecke nicht brauchbar, da ihr Durchlass zu klein ist. Für die Durchlaufregulierung von Flüssigkeiten sind Tefloflexhahnen[3] besonders geeignet.

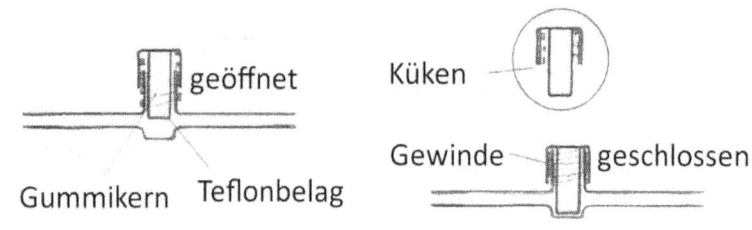

Abbildung 7: Tefloflexhahn

---

[3] Anm. d. Hg: Bei Drucklegung wohl eher als Teflon®- oder PTFE-Hahnen bezeichnet. Teflon® ist eine Markenbezeichnung der Werke DuPont ®.

Tefloflexhahnen funktionieren ohne Schlifffett, was sie in der Anwendung sehr sauber macht. Sie sind wie die Interkeyhahnen genormt. Der Vorteil genormter Hahnen liegt darin, dass das meist empfindliche Küken bei Beschädigung ausgewechselt werden kann. Bei grösseren Bestellungen Normhahnen kann man zu diesem Zweck auch einige Ersatzküken mitliefern lassen.

Kapitel 3 Sicherung der Schliffe

Das Innere von Gefässen, in welchen sich empfindliche Substanzen unter Stickstoff befinden, wird gewöhnlich unter einem leichten Überdruck von ca. 10 bis 30 Torr gehalten. Ungesicherte Schliffe werden deshalb früher oder später auseinandergedrückt, das Schutzgas entweicht und Luft kann eindringen. Dies gilt nur für Schliffe, die mit Silikonfett eingeschmiert sind; solche ohne Silikonfett würden unter den genannten Bedingungen sofort auseinanderspicken. Um das zu verhindern sichert man die Schliffe nach folgender Methode:

Mit Aluminiumdraht (Ø = 1,0 mm) oder Eisendraht (Ø = 0,4 mm) werden an geeigneten Stellen an den mit Schliffen versehenen Glasteilen eine Art Haken geformt. Zwischen den Haken verschiedener Schliffe lassen sich Gummis[4] (siehe Abbildung 8 auf Seite 23) spannen. Dadurch werden die betreffenden Schliffstücke zusammengehalten.

---

[4] Anm. d. Hg: Gemeint sind Gummiringe, Gummibänder; oder auf gut Schweizerdeutsch eben "Gümmeli".

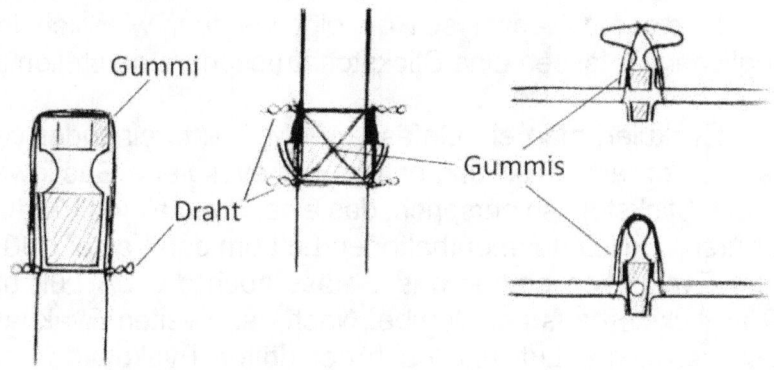

Abbildung 8: Sicherung der Schliffe mit Gummis

So oder ähnlich sollen alle Apparaturen gesichert sein. Schliffklammern sind nicht sicher genug. Bei hohen Temperaturen versagen allerdings Gummis. In diesem Fall ersetzt man sie durch kleine Federchen. Sie sind zwar teurer als Gummis, halten aber erheblich höheren Temperaturen stand.

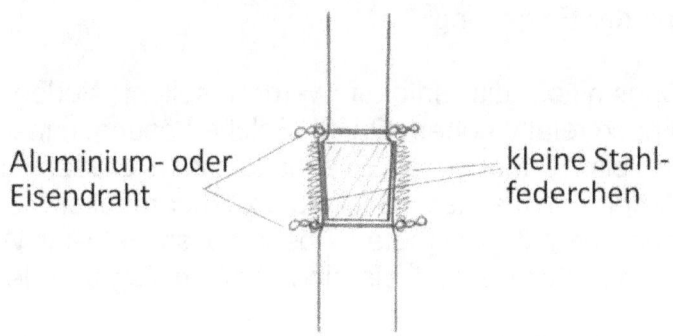

Abbildung 9: Sicherung mit Stahlfederchen

Kapitel 4 Entgasung

In diesem Kapitel soll gezeigt werden, wie sich in allen möglichen Gefässen eine Stickstoffatmosphäre herstellen lässt:

Evakuiert man ein Gefäss drei Mal hintereinander von 720 bis 760 Torr auf 7 Torr und ersetzt das evakuierte Gas jeweils mit reinem Stickstoff, so entspricht das einer dreimaligen Verdünnung der ursprünglich darin enthaltenen Luft um den Faktor 100. Nach einer Evakuation enthält das Gefäss noch ca. 1% Luft und ca. 99% Stickstoff aus der Bombe. Nach der zweiten Evakuation ist noch ca. 0.01% Luft und nach der dritten Evakuation noch ca. 0.0001% Luft vorhanden. Der Schutzgasanteil beträgt nun 99.9999%. Nur 20% der noch zurückgebliebenen Luft besteht aus Sauerstoff, sodass sich in dem betreffenden Gefäss nun theoretisch ein Gasgemisch mit 0.00002% Sauerstoff befindet. Da der verwendete nachgereinigte Stickstoff einen Reinheitsgrad von höchstens 99.999% aufweist, sind weitere Evakuationen nach der dritten illusorisch.

Eine feuchte oder schmutzige Stickstoffanlage beeinträchtigt die Wirkung der Entgasung[5].

Lösungsmittel, die entgast werden sollen, sieden meist schon bei noch relativ hohem Druck. Solche Lösungsmittel bringt man ca. 6- bis 10-Mal durch Evakuation zum Sieden, um sie jeweils wieder mit frischem Stickstoff zu überdecken. Danach versetzt man sie mit geeigneten Absorptionsmitteln für Wasser und Sauerstoff, rückflussiert[6] sie einen halben Tag und destilliert

---

[5] Das Wort "Entgasung" entspräche einer Evakuation eines Gefässes (Befreiung von Gasen). Hier soll dieses Wort jedoch in der Befreiung eines Gefässes von unerwünschten Gasen (Sauerstoff) definiert werden.

[6] Anm. d. Hg: Rückflussieren bedeutet "unter Rückfluss kochen".

sie dann ein- oder mehrere Mal unter Stickstoff über diesen Absorptionsmitteln. Je nach Lösungsmittel eignen sich zum Vortrocknen (vor der Entgasung) Molekularsieb[7], Natriumsulfat, Kalziumchlorid und Natrium. Nach dem Entgasen dienen als Trocknungsmittel und zur Absorption von Sauerstoff Lithium, Natrium, Kalium, Natrium-Kalium-Legierungen und Lithium-Aluminium-hydrid ($LiAlH_4$). Es ist vorteilhaft, wenn sich die erwähnten Alkalimetalle beim Rückfluss oder bei der Destillation eines Lösungsmittels verflüssigen. Dem kann ein wenig durch die Kombination von Kalium und Natrium nachgeholfen werden, was zu Legierungen mit sehr tiefem Schmelzpunkt führt.

Entgaste Gefässe sollen, wie schon in Kapitel 3 erwähnt, stets unter einem leichten Überdruck stehen.

---

[7] Anm. d. Hg: Als Molekularsieb dienen unter anderem Aluminiumsilikate (Zeolithe) mit definierter Porengrösse.

Kapitel 5 Kühlmittel

Folgende Kühlmittel[8] stehen allgemein zur Verfügung und können bei unseren Arbeiten zur Anwendung gelangen:

Kühlmittel	Temperatur
Leitungswasser	ca. 5 bis 15°C
Eis + Wasser	0°C
Eis + Äthanol	bis ca. -10°C
Trockeneis + Äthanol	ca. -80°C
Gefrorenes Äthanol[9]	-114°C
Flüssiger Stickstoff	-196°C

Tabelle 3: Kühlmittel

Soll die Temperatur über längere Zeit auf einem genauen Wert unter 0°C gehalten werden, so sind Kühlmaschinen oder ein Kühlraum erforderlich. Solche Kühlmaschinen existieren in Form von Kryomaten und Kryostaten (Kältethermostaten). Für die Aufbewahrung wärmeempfindlicher Stoffe eignen sich Kühltruhen und Kühlräume; Kühlschränke sind weniger geeignet. Für Arbeiten bei tiefen Temperaturen sollen möglichst praktische und saubere Kühlmethoden zur Anwendung kommen. Aus diesem Grunde kann ich die sich verkrustenden Salz-Eisgemische für unsere Zwecke nicht empfehlen.

---

[8] Anm. d. Hg: Vorsicht bei allen Kühlmitteln unter 0°C. Der Kontakt kann schnell zu "Verbrennungen" (Frost) führen!
[9] Äthanol kann durch "Vermischen" mit flüssigem Stickstoff leicht abgekühlt werden.

Kapitel 6 Ausschluss von Licht

Erwähnt wird hier, wie die nur leicht helligkeitsempfindlichen Substanzen, wie z.B. Äthyläther, vor Licht geschützt werden können. Enthält ein Gefäss eine solche Substanz, so bedeutet es schon einen erheblichen Schutz für seinen Inhalt, wenn es mit Aluminiumfolie umwickelt wird. Dieses Gefäss soll selbst unter Stickstoffstrom nur für kurze Zeit geöffnet werden. Dieser Schutz wird noch wirksamer, wenn auch der Glasstopfen mit Aluminiumfolie umwickelt ist. Solche Substanzen bewahrt man ausserdem in einem vor Licht schützenden Schrank auf.

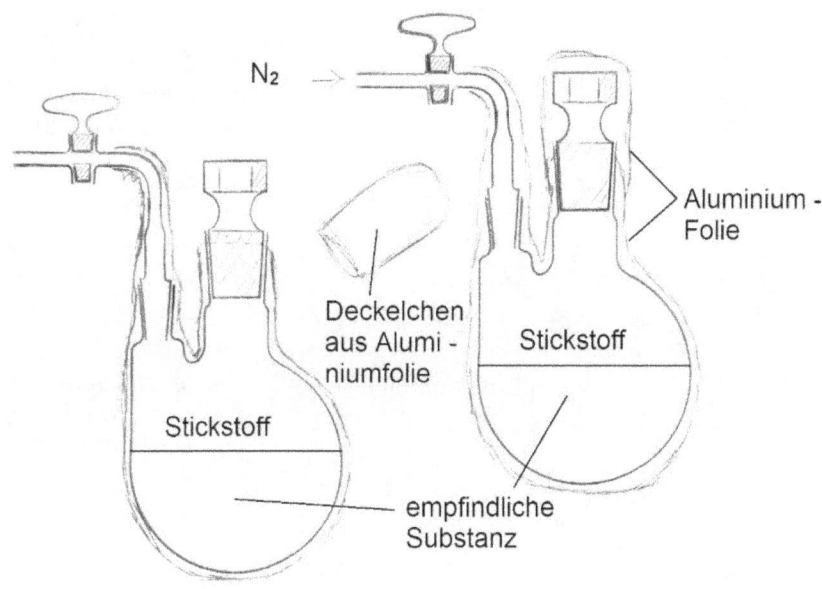

Abbildung 10: Ausschluss von Licht

Kapitel 7 Feuergefährliche Lösungsmittel

Feuergefährliche und leichtflüchtige Lösungsmittel werden bei Versuchen unter Stickstoffstrom nicht harmloser. Wie alle anderen benötigten Substanzen befinden sich auch die Lösungsmittel in Gefässen, die nur unter Stickstoffstrom geöffnet werden können. Vor allem bei tiefsiedenden Flüssigkeiten wie Äthyläther oder Pentan reisst der ausfliessende Stickstoff so viel davon an die Luft, dass dieser "Stickstoffstrom" mit Leichtigkeit entzündet werden kann.

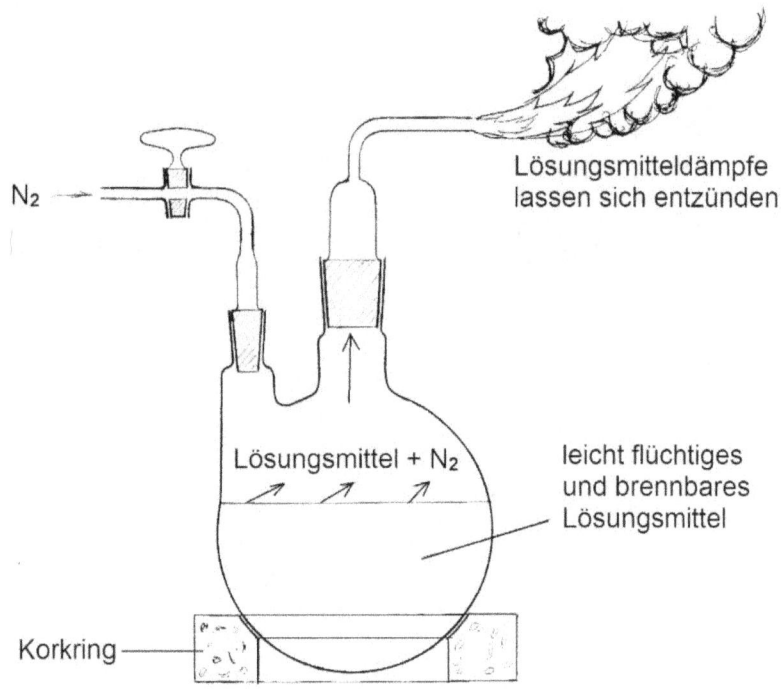

Abbildung 11: Feuergefährliche Lösungsmittel

Ich glaube nicht, dass solche Flammenwerfer inmitten brennbarer oder explosiver Stoffe, die zudem vielfach das Resultat mühseliger Kleinarbeit sind, eine beruhigende Wirkung auf den Betrachter ausüben.

Oft breitet sich nach einer ungewollten Zündung[10] eine grössere Flamme aus, die sich jedoch schon nach wenigen Sekunden nur noch auf die Öffnungen von Lösungsmittel- oder Substanzbehältern und Gegenstände, die sich dabei entzündet haben, beschränkt[11]. Zur Verhinderung derartiger Vorfälle soll man bei der Arbeit mit den unter Stickstoff stehenden Lösungsmitteln auf keinen Fall rauchen. Ausserdem sollen sich in der Nähe keine offenen Flammen oder unter Strom stehende Heizkörper mit freier Heizspirale befinden.

Passiert es trotzdem einmal, dass sich die vom Stickstoff mitgerissenen Lösungsmitteldämpfe entzünden, dann reagiere man ohne Nervosität: In der Hand befindliche Gefässe werden vorsichtig so deponiert, dass sie nicht kippen können. Nun löscht man, wenn nötig, sich selbst mit einem trockenen oder höchstens ein wenig feuchten Tuch (Handtuch). Nylonbekleidung entzündet sich relativ leicht – brennbare Kleider werden ausgezogen. Vor dem eigentlichen Löschen des Brandes verschliesst man noch rasch sämtliche Gefässe, die Lösungsmittel oder empfindliche Substanzen enthalten. Erst jetzt darf mit dem CO_2-Löscher was noch brennt gelöscht werden.

---

[10] Anm. d. Hg: Manchmal leider auch nach einer gewollten Zündung.
[11] Siehe Abbildung 11

Ein brennendes Gefäss mit Lösungsmitteln von sich zu werfen, bewirkt einen Molotowcocktail-Effekt. Eine ähnliche Wirkung kann es haben, wenn mit dem Löschstrahl eines CO_2-Löschers Lösungsmittel aus einem brennenden Gefäss hinaus an die Luft gepustet wird.

Wenn man im richtigen Augenblick die Nerven behält (nicht alle tun das!) bedeutet so ein Lösungsmittelbrand eine Bagatelle, die einen daran erinnert, noch vorsichtiger vorzugehen. Durch überlegtes Handeln können Sie Sachschaden, Verletzung und den Verlust wertvoller Substanzen auch in kritischen Momenten verhindern.

II Teil   Apparaturen

In diesem Teil werden die wichtigsten, bei der Arbeit unter Stickstoff benötigten, Schliffgeräte zusammengestellt.

Kapitel 8 Apparaturen

Es ist darauf zu achten, dass man bei zusammengesetzten Apparaturen mit möglichst wenigen Schliffen auskommt. Öffnungen sollen jeweils unter Stickstoffstrom nur für kurze Zeit unverschlossen bleiben; sie sollen sich ausserdem möglichst klein ausnehmen. Es ist vorteilhaft, wenn der Durchlass von den Küken der verwendeten Hahnen möglichst gross ist, um einen starken Stickstoffstrom zu gewährleisten.

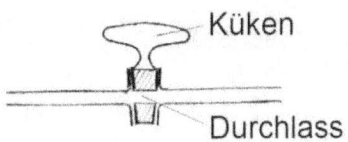

Abbildung 12: Durchlass eines Küken

Jeder frisch angeschlossene Hahn muss sorgfältig entgast werden. Aus nicht entgasten Hahnvorderteilen kann Luft in die Apparatur gelangen, sobald man damit beginnt, dieselbe unter Stickstoffstrom zu setzen (siehe Abbildung 13 auf Seite 32).

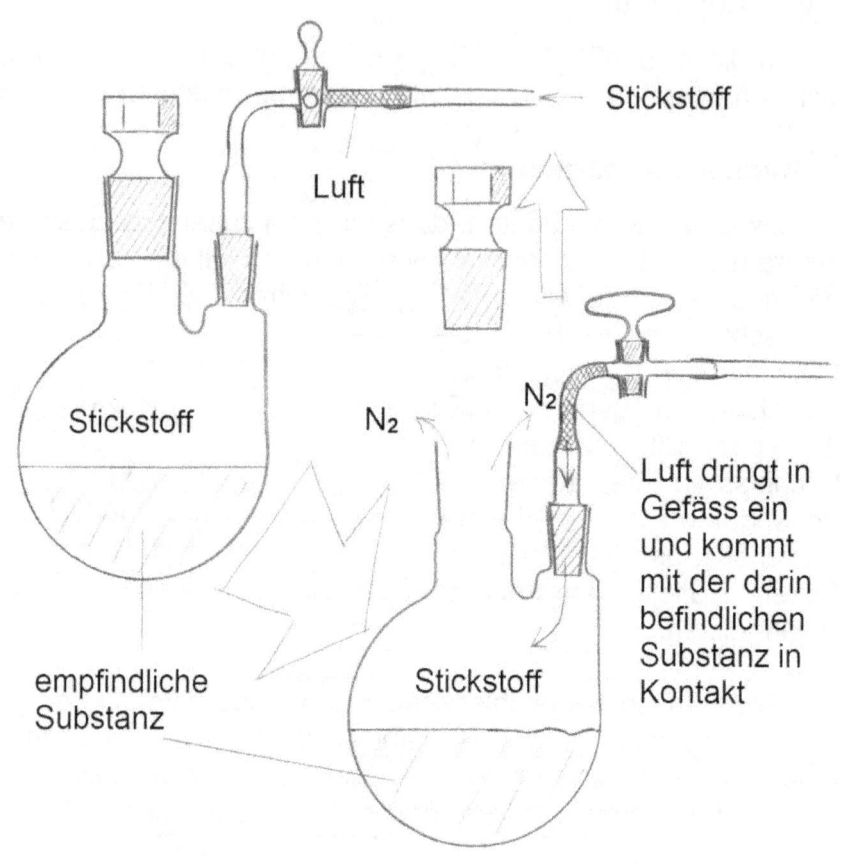

Abbildung 13: Problem nicht entgaster Teile

Eine weitere Möglichkeit für das Eindringen von Sauerstoff bilden die bei grösseren Öffnungen entstehenden Wirbel (siehe dazu auch Abbildung 14: Stickstoffwirbel).

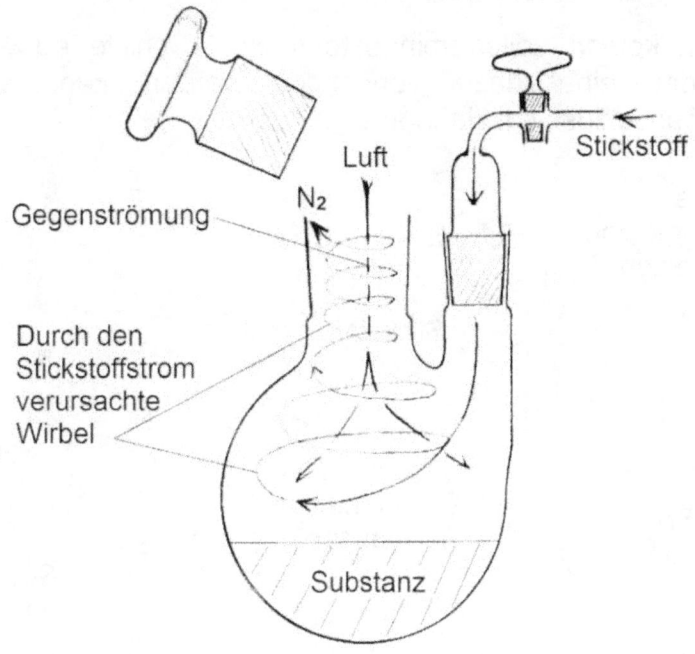

Abbildung 14: Stickstoffwirbel

Natürlich sind die echten Wirbel komplizierter, als es sich in dieser Zeichnung darstellen lässt. Es soll hier nur darauf hingewiesen werden, dass sich die austretenden Gase nicht wie eine aufsteigende Flüssigkeit verhalten und dass bei grossen Öffnungen Gegenströmungen möglich sind. Das heisst, dass bei grossen Öffnungen auch unter Stickstoffstrom Luft eindringen kann.

Vor dem Aufbau soll jede Apparatur gut einstudiert werden (ev. Skizze). Ein nachträglicher Umbau der unter Stickstoff befindlichen Anlagen ist relativ schwierig und riskant.

a. *Rundkolben*

Rundkolben sollen mindestens zwei Schliffe aufweisen, damit der eine dazu verwendet werden kann, einen Stickstoffanschluss mit Hahn anzubringen.

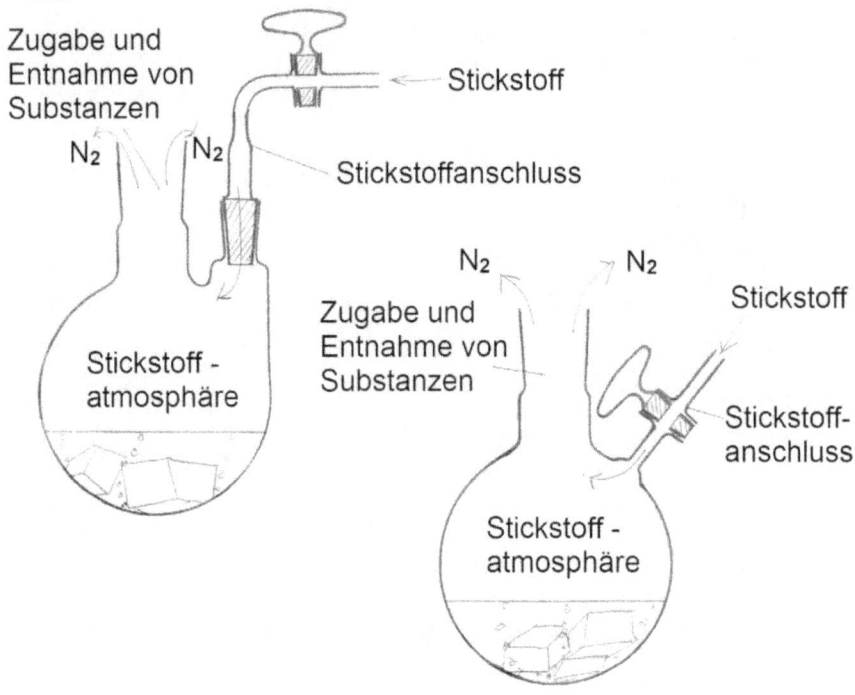

Abbildung 15: Rundkolben

Noch etwas praktischer als Mehrhalskolben sind Rundkolben, die schon einen Anschluss mit Hahn eingebaut haben (rechts in Abbildung 15).

b. *Schlenk*

Im Schlenk lassen sich empfindliche Substanzen äusserst gut aufbewahren.

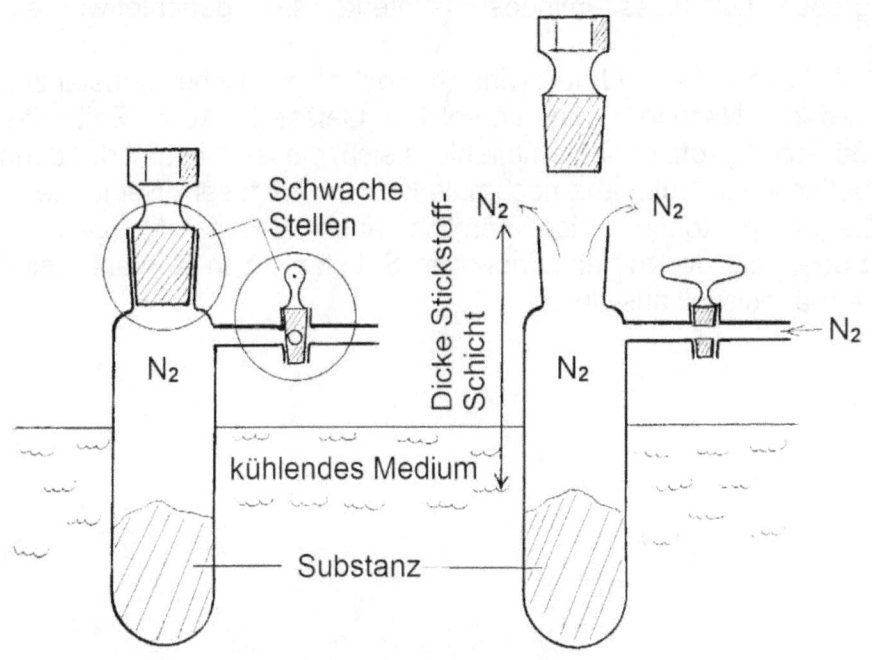

Abbildung 16: Schlenk

Der verschlossene Schlenk weist nur wenige schwache Stellen auf (eingekreiste Zonen links). Er lässt sich zur Lagerung (links) und zur Arbeit (rechts) leicht in eine Kühlflüssigkeit eintauchen und garantiert im geöffneten Zustand unter Stickstoffstrom eine dicke Schutzgasschicht über der zu schützenden Substanz (rechts).

Schlenks wirken wie langgezogene, mit einem Hahn versehene Kolben. Ihre ideale Grösse reicht von 20 ml (NS14,5/23) oder 100 ml (NS 29/32) bis ca. 500 ml Rauminhalt. Auch bei den an Schlenks befindlichen Hahnen soll auf einen grossen Durchlass – mindestens Interkey 4/4 – geachtet werden.

Schlenks sind für wirklich hochempfindliche Substanzen gedacht. Nachdem man ein solches Gefäss für kurze Zeit unter Stickstoff geöffnet hat, empfiehlt es sich, dieses mitsamt der darin befindlichen Substanz nochmals kurz zu entgasen. Bei längerer Lagerung können sich nämlich auch kleinste Mengen an Sauerstoff, der mit empfindlichen Substanzen in Kontakt bleibt, verhängnisvoll auswirken.

c. *Fritte und Eintauchnutsche*

Das übliche Filtrationsmaterial unter Stickstoff sind Glasfritten verschiedener Feinheiten. Glasfritten bestehen aus gesinterten Glaskugeln. Platten aus gesinterten Glaskugeln sind sehr porös und lassen deshalb Flüssigkeiten leicht passieren, während Festkörper zurückgehalten werden.

Glasfritten sind neben ihrer Filtereigenschaft resistent gegen hohe Temperaturen und die meisten Chemikalien. Sie lassen sich daher leicht reinigen und trocknen. Gebräuchlich sind Glasfilter (Fritten) mit den Feinheiten G1 bis G4, wobei die Feinheit G3 in den meisten Fällen das Ideal darstellt.

Nachfolgende Tabelle gibt eine Übersicht über die Porengrösse der verschiedenen Frittenarten.

Bezeichnung	durchschnittliche Porengrösse
G00	200 – 500 µm (= 0,2 – 0,5 mm!)
G 0	150 – 200 µm
G 1	90 – 150 µm
G 2	40 – 90 µm
G 3	20 – 40 µm
G 4	10 – 20 µm
G 5	4 – 6 µm

Tabelle 4: Porengrösse bei Glasfiltern (Fritten)

Ausser bei Eintauchnutschen soll im Folgenden das ganze, einen Glasfilter enthaltende, Glasgerät "Fritte" genannt werden.

Gewöhnlich ist eine Fritte mit zwei Normschliffen NS 29 / 32 versehen. Dieser einfache Typ eignet sich hauptsächlich dann, wenn man Wert auf das Filtrat legt.

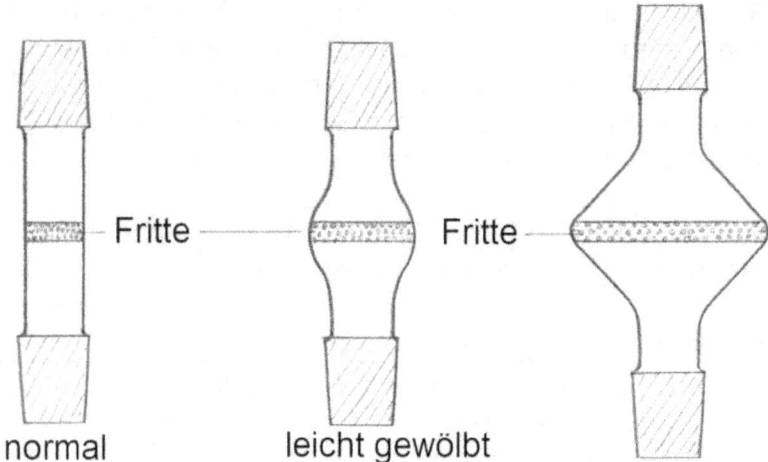

Abbildung 17: Frittentypen

Bei leichter Vergrösserung der Filtrationsfläche durch eine schwach gewölbte Gehäusemitte (siehe dazu "Abbildung 17: Frittentypen") gelingt es, die Durchflusszeit der Filtrate effektvoll zu verringern.

Kreisflächen verhalten sich zueinander wie das Quadrat ihrer Durchmesser. Eine Vergrösserung des Durchmessers einer Fritte um den Faktor 1,5 entspricht der Vergrösserung ihrer Fläche um den Faktor 2,25. Das bedeutet, dass sich die Durchflusszeit schon bei leicht vergrösserter Frittenoberfläche um 55% auf verbleibende 45% verringert.

Sollen grosse Lösungsmittelmengen mit relativ wenig feinkörnigem Festkörper filtriert werden, so bietet sich die Verwendung stark aufgebauchter Fritten an (Abbildung 17 rechts). Schon die Vergrösserung des Frittendurchmessers um den Faktor 3,5 lässt die Filtrationszeit auf den zehnten Teil des ursprünglichen Wertes schrumpfen.

Die unter Abbildung 18 auf Seite 40 gezeigte Fritte mit Hahn kann direkt als Vorratsgefäss für den darin aufgefangenen Festkörper dienen. Beim Trocknen und Umfüllen der Substanz kann man diese Fritte wie einen Schlenk anwenden.

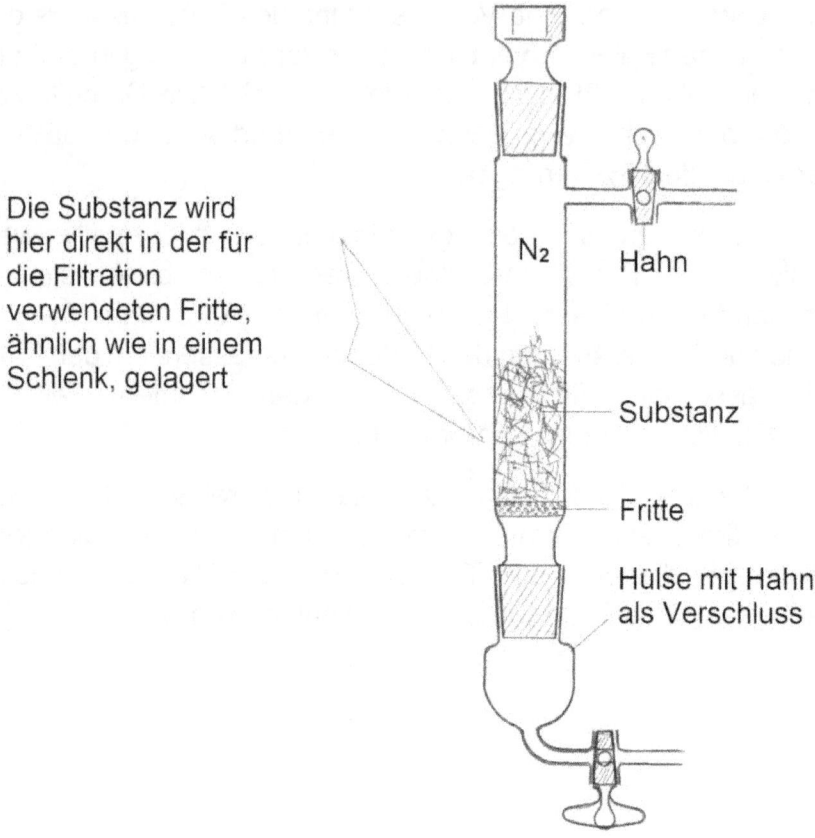

Die Substanz wird hier direkt in der für die Filtration verwendeten Fritte, ähnlich wie in einem Schlenk, gelagert

Abbildung 18: Fritte als Vorratsgefäss

In kühlbaren Fritten können wärmeempfindliche Substanzen aufgefangen werden. Es ist dabei zu berücksichtigen, dass an gekühlten Gegenständen Wasser kondensiert (siehe dazu Abbildung 19).

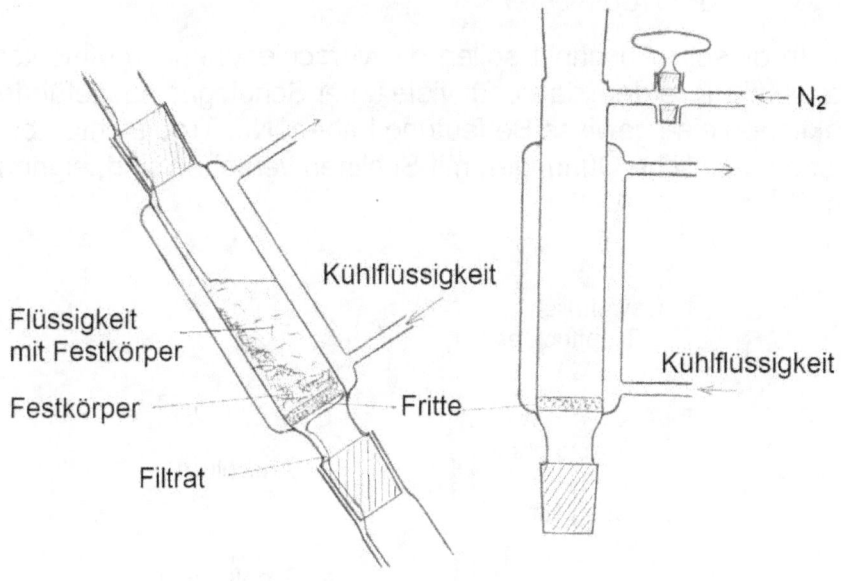

Abbildung 19: Kühlbare Fritten

Für die umgekehrte Filtration benutzt man Eintauchnutschen

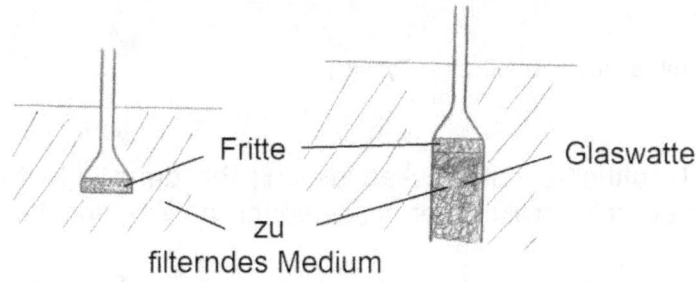

Abbildung 20: Eintauchnutschen

d. *Tropftrichter*

In diesem Abschnitt sollen die verschiedenen Tropftrichter kurz erwähnt werden, da sie für viele unter Schutzgas ausgeführte Reaktionen eine gewisse Bedeutung haben. Nur Tropftrichter, bei welchen sämtliche Öffnungen mit Schliffen versehen sind, eignen sich.

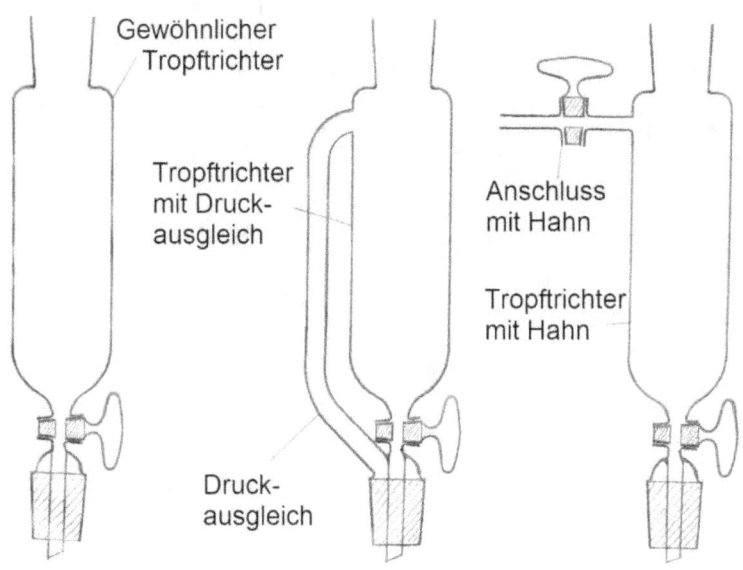

Abbildung 21: Tropftrichter-Typen

Tropftrichter mit Druckausgleich (Abbildung 21 Mitte) sind für viele Versuche praktischer als gewöhnliche Tropftrichter (links).

Als ebenfalls sehr brauchbar für die Erzeugung eines Stickstoffstroms könnte sich ein zusätzlicher Hahn unterhalb dem oberen Schliff erweisen (Abbildung 21 rechts).

Der unten abgebildete Spezialtropftrichter ist sauber in der Anwendung, erlaubt jedoch kein sehr genaues Ablesen der darin enthaltenen Flüssigkeitsmenge.

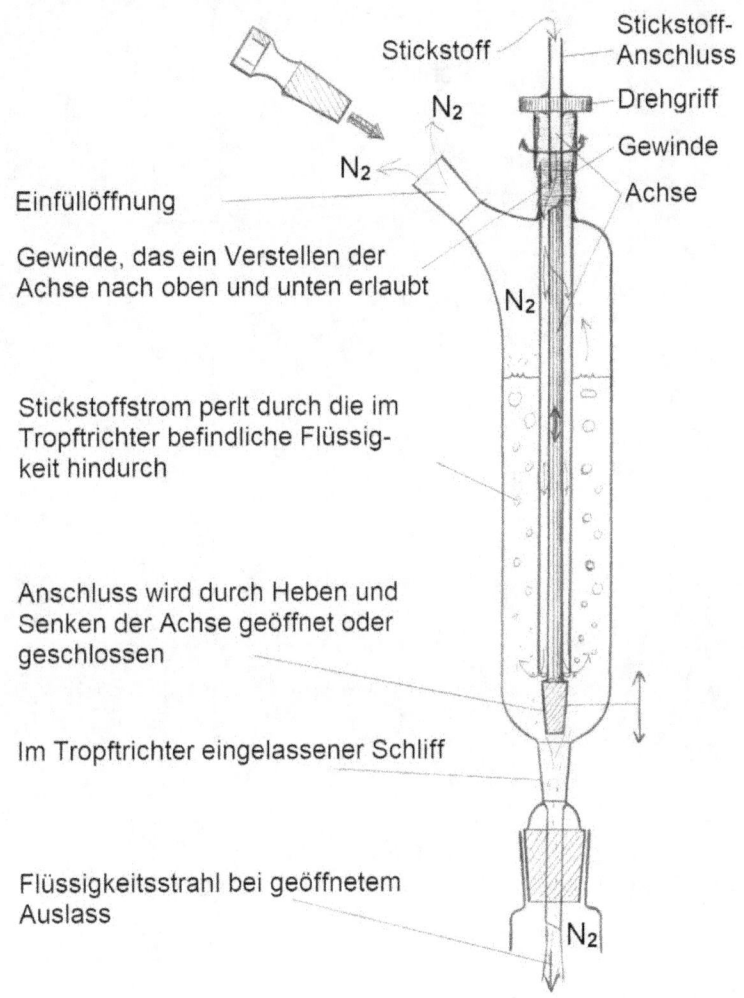

Abbildung 22: Spezialtropftrichter

e. Kühler und Kühlfalle

Verwendbar sind alle herkömmlichen Kühler und Kolonnen, sofern sie an allen Öffnungen mit Schliffen versehen sind.

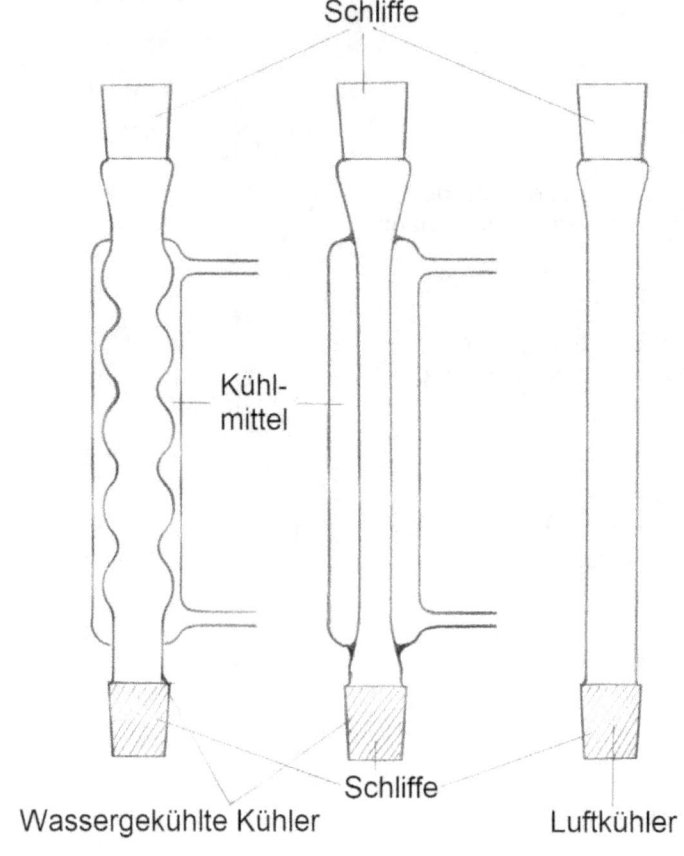

Abbildung 23: Kühlertypen

Gewöhnliche Kühlfallen sollten nur verwendet werden, wenn das darin aufzufangende Produkt mit Luft in Berührung kommen darf (z.B. abgesaugtes Lösungsmittel). Für luftempfindliche Substanzen sollen Kühlfallen mit Schliffen verwendet werden (Abbildung 24 unten).

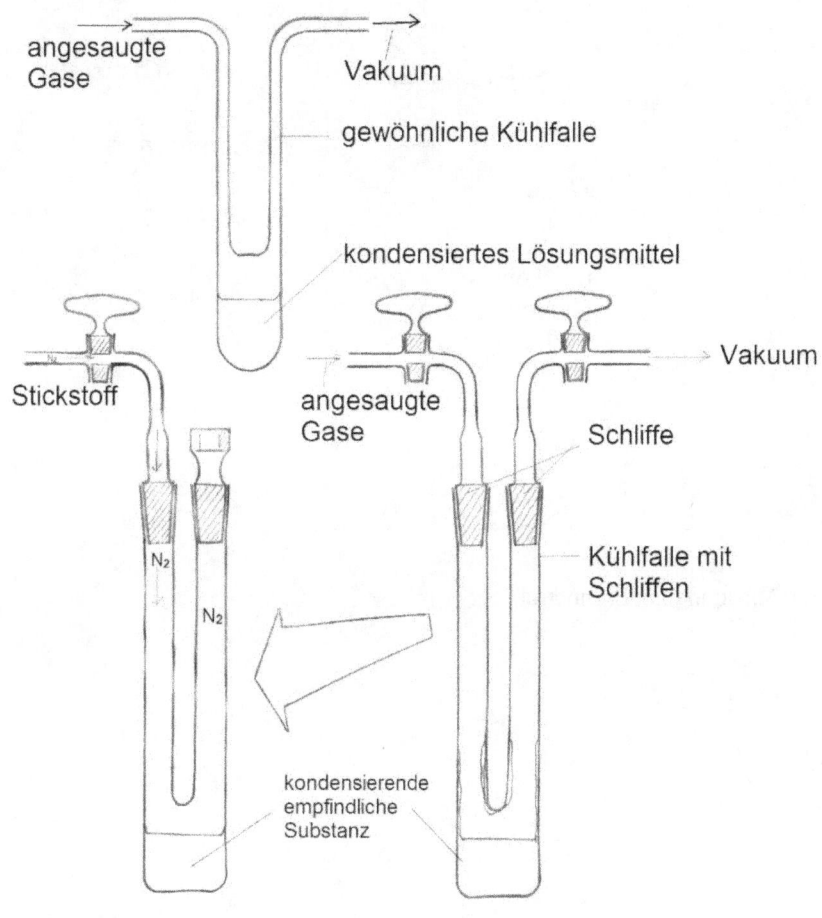

Abbildung 24: Kühlfallen

f. *Kleine Zutaten*

Der hier gezeigte **Brunnerrührer** ist für Arbeiten unter Stickstoff dem KPG-Rührer unbedingt vorzuziehen.

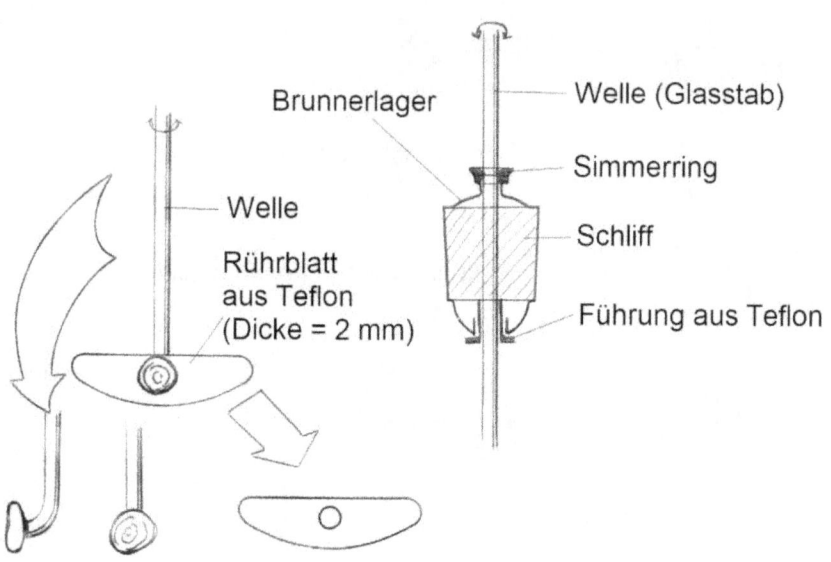

Abbildung 25: Brunnerrührer

Die **geschlossene Hülse** sieht aus, wie ein extrem kleiner Kolben mit Schliff. Man benutzt sie als eine Art Gegenstück zum Schliffstopfen (Abbildung 26). Diese Hülsen können unter Stickstoffstrom nicht so einfach aufgesetzt werden, wie die Schliffstopfen. Sie müssen jedes Mal von innen her entgast werden.

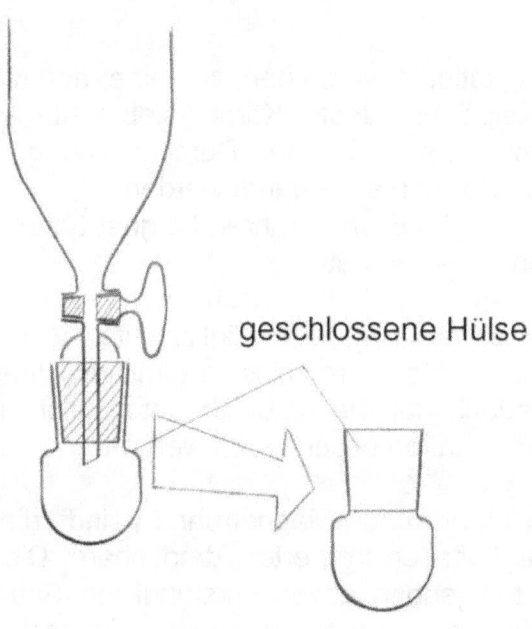

Abbildung 26: Geschlossene Hülse

III Teil Arbeitstechnik

In diesem Teil soll eine praktische Anleitung zu dem Vorgehen gegeben werden, mit welchem die wichtigsten Operationen zur Synthese und Aufbereitung sauerstoffempfindlicher Produkte erfolgreich unter Luftausschluss durchgeführt werden können.

Kapitel 9 Agitation

Unter Agitation[12] verstehen wir eine auf mechanischem Wege in flüssige und feste Körper gebrachte kontinuierliche Bewegung mit dem Ziel einer Durchmischung. Sie kann in verschiedenen Formen angewandt werden:

Rotation → Brunnerrührer, Magnetrührer
Vibration → Vibrator
Schwenken → Schüttelmaschine

Natürlich gibt es noch andere Möglichkeiten wie Vermahlen in einer Kugelmühle oder Durchmischung mittels Ultraschall-sonde. Hier sollen jedoch nur die unter Stickstoff leicht realisierbaren Methoden der Agitation beschrieben werden.

Brunnerrührer und Magnetrührer sind die wichtigsten Hilfsmittel zur Agitation in inerter Atmosphäre. Die saubere, für unsere Arbeiten jedoch etwas umständliche Schüttelmaschine und der Vibrator werden nur dann eingesetzt, wenn die rotierenden Systeme versagen. Der Magnetrührer ermöglicht einen besseren Ausschluss der Luft, als Rührwerke mit Wellen, die von aussen her in das Reaktionsgefäss hineinragen. Wir werden jedoch sehen, dass er nicht immer zum Einsatz gelangen kann.

---

[12] Anm. d. Hg: In der Chemie genutzt für "in Bewegung versetzen"

a. *Magnetrührer*

Der Magnetrührer erfordert keine spezielle Öffnung für eine Rührwelle. Er ist deshalb sicher am besten geeignet, innerhalb einem unter Luftausschluss stehenden Gefäss für eine Drehbewegung zu sorgen. Er besteht aus einem teflongeschützten Magneten im Reaktionskolben, der von einem zweiten, etwas grösseren Magneten, von aussen her in Rotation versetzt wird. Die Kraftübertragung durch die Glaswand hindurch erfolgt hier über das sich zwischen beiden Magneten aufbauende Magnetfeld (siehe Abbildung 27).

Der Rührmagnet ist mit einer Teflonschicht umgeben. Meist ist ein möglichst kleiner Abstand zwischen den beiden Magneten ideal.

Magnetrührer, bei welchen ein Elektromotörchen einen möglichst kräftigen Magneten in Drehbewegung versetzt, sind in verschiedenen Ausführungen erhältlich (siehe Abbildung 28).

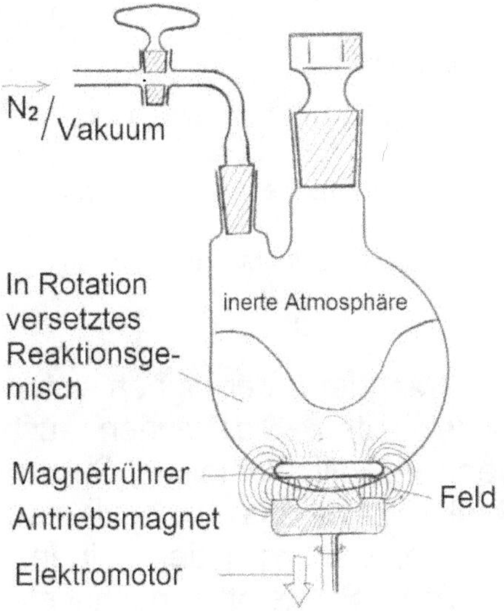

Da die meisten Magnetrührer ziemlich schwache Motoren und durchschnittliche Magneten besitzen, kann sich eine Eigenkonstruktion lohnen: Man treibt einen möglichst grossen und kräftigen Magneten auf und montiert ihn auf die Achse eines Rührmotors für KPG- und

Abbildung 27: Prinzip Magnetrührer

Brunnerrührer. Kombiniert mit einem richtigen Elefäntli[13] von Rührmagneten lässt sich damit noch manches verrühren, worin kleinere Rührmagneten normalerweise schon längst stecken bleiben würden. Ziel ist es ja, möglichst auf Brunnerrührer zu verzichten.

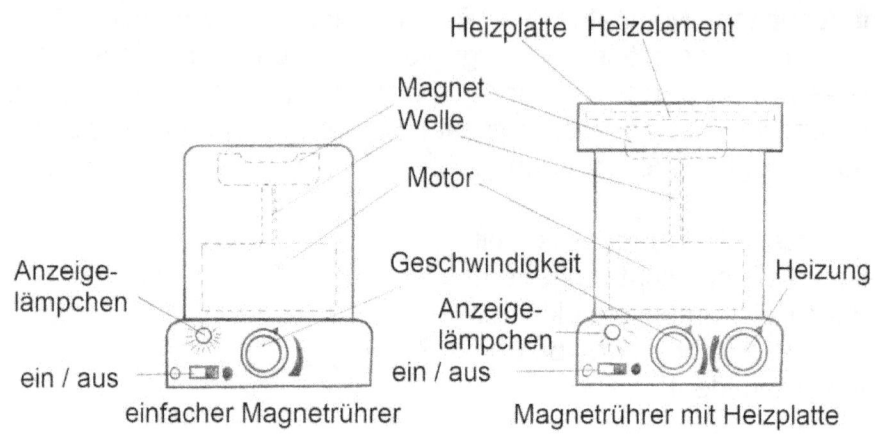

Abbildung 28: Magnetrührtypen

Magnetrührer eignen sich nicht nur zur Durchmischung von Flüssigkeiten. Sie können auch dann zum Einsatz gelangen, wenn es gilt, kristalline Substanzen von der Wandung eines Reaktionskolbens abzuschlagen, um sie in ein anderes Gefäss zu bringen. Dazu soll der Kolben mit dem Präparat mit Hilfe von flüssigem Stickstoff zunächst stark abgekühlt werden (Kp^{760} N_2 = -196 °C). Die darin befindlichen Kristalle werden dadurch glashart und spröde. Hält man das Gefäss nun unmittelbar über einen in Rotation befindlichen Magnetrührer und verändert seine Lage

---

[13] Anm. d. Hg: Dies ist ein richtig schweizerischer Diminutiv. Gemeint ist ein kleiner Elefant.

langsam in einer Kreiselbewegung, so bricht der in seinem Innern befindliche Magnet sauber alle Kristalle von der Wandung.

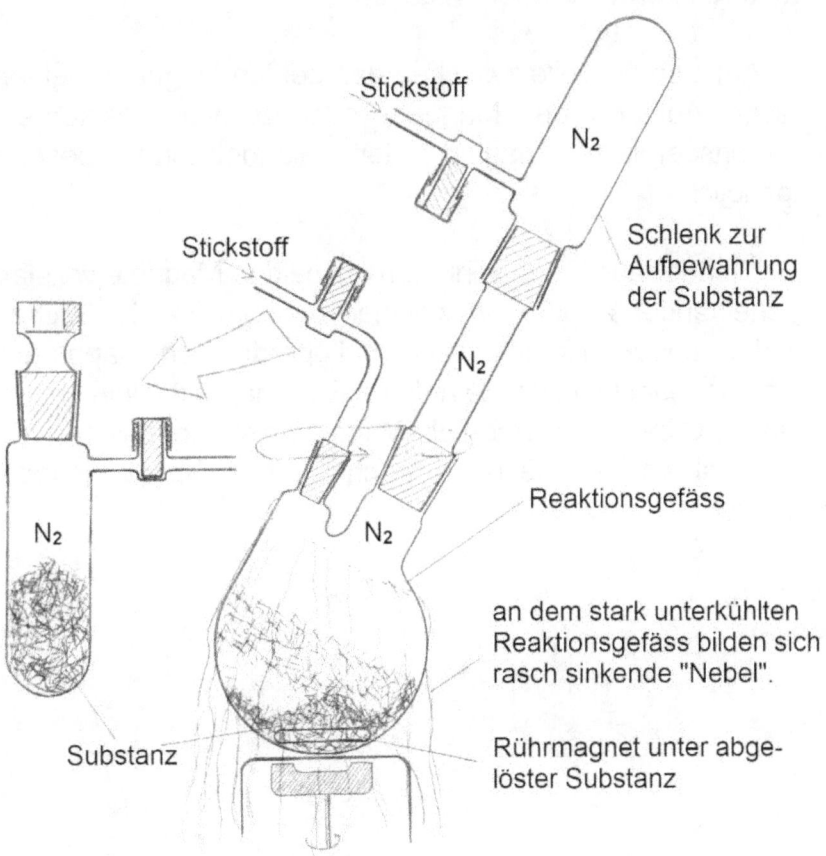

Abbildung 29: Lösen der Kristalle vom Gefäss

Diese Methode, Substanzen von der Wandung des Reaktionsgefässes zu bringen, ist oft problemloser, als das Wegkratzen mittels Spatel. Ausserdem verhält sich das tiefgekühlte Produkt während des Umfüllens reaktionsträge. Bevor es sich im neuen Gefäss wieder erwärmt hat, lässt es sich dort zur Sicherheit wieder entgasen.

Auf eiserne Teile zwischen den beiden Magneten, einen zu grossen Abstand der Magnete oder zu viel Festkörper im Reaktionsgemisch reagiert der Magnetrührer besonders empfindlich.

Ölbäder aus Eisen schirmen die beiden Magnete vollständig gegeneinander ab. Etwas weniger schlimm ist die Sache bei Ölbädern aus Aluminium. Diese sind gerade noch knapp tragbar, wenn nur sehr kleine Kräfte auf den Rührmagneten wirken sollen. Gläserne Ölbäder schirmen die Magnete nicht gegeneinander ab. Manchmal sind solche nicht bruchsicheren Ölbäder jedoch zu gefährlich.

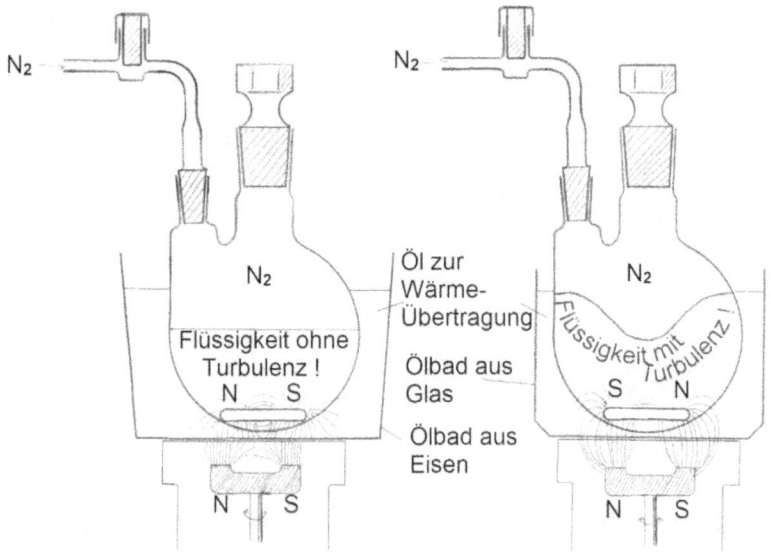

Abbildung 30: Eisen blockiert das Magnetfeld

Steht der Reaktionskolben in einem Dewargefäss, so ist der Abstand zwischen den beiden Magneten auch dann zu gross, wenn die schützende Blechhülle des Dewars entfernt wird. Die Entfernung solcher Schutzhüllen kann ich ohnehin nicht empfehlen.

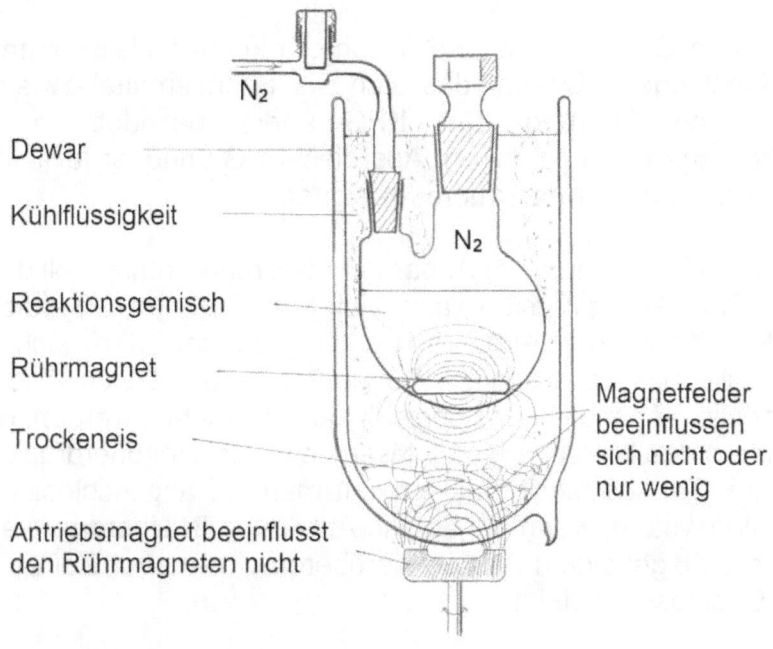

Abbildung 31: Rührmagnet und Dewargefässe

Eine weitere Möglichkeit des Versagens von Magnetrührern besteht dann, wenn ein Reaktionsgemisch zu viel Festkörper enthält oder wenn es eine zu hohe Viskosität aufweist. Der Rührmagnet bleibt in einem solchen Teig einfach stecken. In einem solchen Fall hilft meist nur noch das Überwechseln zum Brunnerrührer.

b. *Brunnerrührer*

Lässt sich das Problem wirklich nicht mit einem Magnetrührer lösen?

Beim Gebrauch von KPG-Rührern können kleine Mengen Paraffinöl oder Glycerin, das sich als Schmiermittel zwischen Welle und Führung des KPG-Lagers befindet, in das Reaktionsgemisch gelangen. Aus diesem Grunde ist für unsere Arbeiten nur der Brunnerrührer geeignet.

Zur Entgasung einer Apparatur mit Brunnerrührer soll dieser beim Simmering[14] mit relativ viel Schlifffett gut abgedichtet werden. Steht die Apparatur unter Vakuum, darf sich die Rührwelle nicht bewegen! Wird gerührt – dreht sich also die Rührwelle – so muss ganz speziell darauf geachtet werden, dass im Innern des betreffenden Gefässes ein Stickstoffüberdruck von ein paar Torr herrscht. Das erreicht man bei angeschlossenem Stickstoffsystem, wenn bei dem in Abbildung 5 "Überdruckventil" auf Seite 16 gezeigten Quecksilberüberdruckventil von Zeit zu Zeit eine Gasblase aufsteigt.

---

[14] = Radial-Wellendichtring (Anm. d. Hg.)

Einmal entgast, darf das Brunnerlager nicht mehr vom Reaktionsgefäss entfernt werden. Es muss sich deshalb am verwendeten Rundkolben mindestens eine dritte Öffnung befinden, die als Einfüllstutzen dienen kann (siehe Abbildung 32).

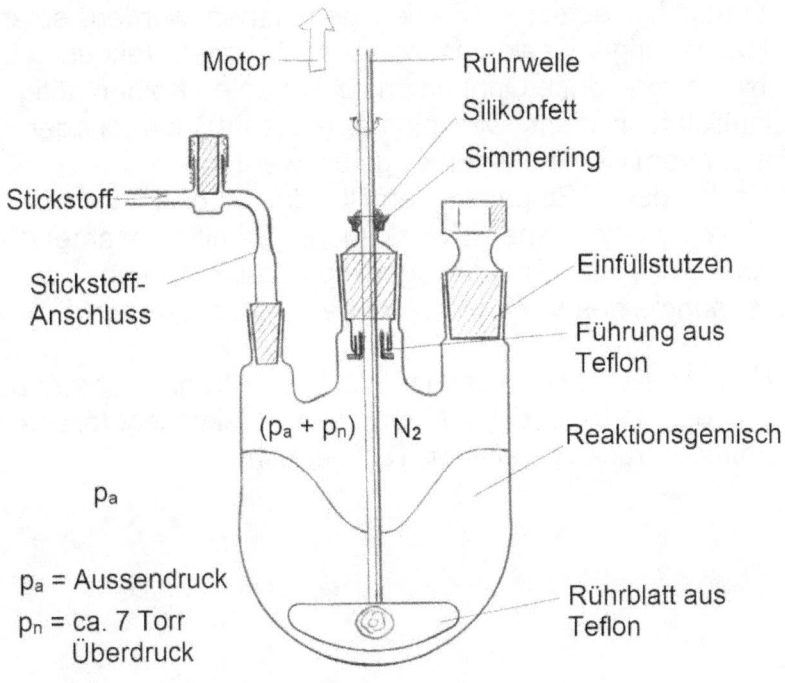

Abbildung 32: Separater Einfüllstutzen

p_a = Aussendruck
p_n = ca. 7 Torr Überdruck

c. Vibrator

Vibratoren sind zur Agitation nur dann zuverlässig, wenn die Gummimanschette des Vibratorlagers um den in das Reaktionsgefäss hineinragenden Glasstab dicht schliesst und noch nicht brüchig ist. Zur Entgasung fette man die obgenannte Manschette gut mit Silikon ein. Wie der Brunnerrührer darf auch der Vibrator keinesfalls in Betrieb genommen werden, solange das dazugehörige Reaktionsgefäss noch unter Vakuum steht. Auch hier ist eine dritte Öffnung im verwendeten Kolben nötig, die als Einfüllstutzen dient. Das einmal entgaste Vibratorlager darf nicht mehr vom Reaktionsgefäss gelöst werden.

Nach dem Entgasen erfüllt das Schlifffett an der Gummimanschette keinen Zweck mehr. Damit es während der Vibration nicht ins Reaktionsgemisch gelangt, kann es vor Inbetriebnahme des Vibrators wieder abgewischt werden[15].

Hier ist es noch wichtiger als beim Brunnerrührer, dass während des Betriebes im Innern des Reaktionsgefässes ein Stickstoffüberdruck von einigen Torr herrscht.

---

[15] Die in der dem Vibrator beigelegten Gebrauchsanleitung gegebenen Empfehlungen sind jedoch zu berücksichtigen!

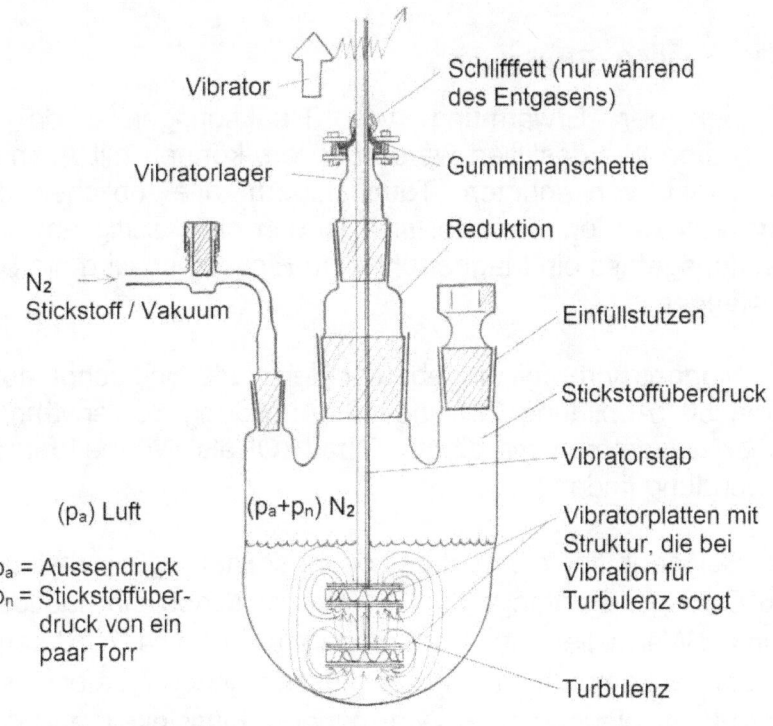

Abbildung 33: Vibrator

d. *Schüttelmaschine*

Schüttelmaschinen können mit der nötigen Vorsicht, möglichst nur in Anwesenheit eines Beobachters, normal verwendet werden.

Kapitel 10 Erwärmen

Bei der Erwärmung von Reaktionsgemischen oder Gemischen, die destilliert werden sollen, können mit Ausnahme von direkt verwendeten Tauchsiedern alle üblichen Mittel eingesetzt werden. Befindet sich jedoch gleichzeitig am selben Reaktionsgefäss ein Magnetrührer im Einsatz, so wird die Sache schwieriger.

Magnetrührer mit eingebauter Heizplatte sind schon auf den Seiten 50 (Abbildung 28) und 52 (Abbildung 30) erwähnt. Sie können zusammen mit einem Ölbad (Öl als Wärmeüberträger) Verwendung finden.

Bei sehr tief siedenden Lösungsmitteln (Kp Äthyläther = 34.6°C / Kp n-Pentan = 36.1°C) genügt schon ein (lautloser!!!) Föhn als Wärmelieferant. Für Temperaturen bis ca. 70°C kann ich Heizbänder empfehlen. Diese müssen jedoch tiefer als der Flüssigkeitsspiegel der zu wärmenden Flüssigkeit angebracht werden. Mit beweglichen und biegbaren Heizmänteln lässt sich die Temperatur des Reaktionsgemisches auf ca. 100°C bis 150°C steigern, sofern das betreffende Gemisch nicht vorher zu sieden beginnt.

Es kann vorkommen, dass man die Reaktionswärme, die beim Zutropfen eines Eduktes frei wird, direkt als Heizquelle benutzen will (z. B. bei Grignard-Reaktionen). Da jedoch oft relativ langsam zugetropft werden muss, wird auch vielfach wenig

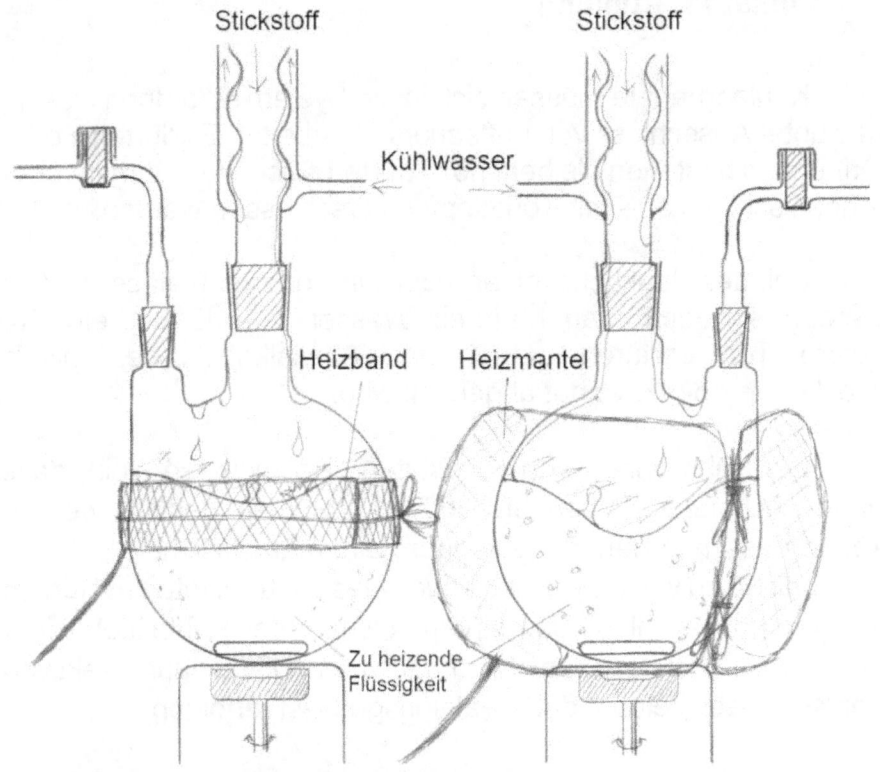

Abbildung 34: Heizband und Heizmantel

Energie pro Zeiteinheit frei. Ein steter Rückfluss und damit eine konstante Reaktionstemperatur sind dann nicht mehr ganz gewährleistet. Eine gewisse Hilfe bedeutet in diesem Fall das Umwickeln des Reaktionskolbens mit Aluminiumfolie, wobei die glänzende Seite nach innen weisen soll. Dies reduziert auch bei wenig erhöhten Temperaturen, wie beim Rückfluss von Äthyläther oder n-Pentan, die Wärmeabstrahlung ganz enorm.

Kapitel 11 Kühlung

Kühlaggregate müssen sich in ein System einordnen lassen, das unter Ausschluss von Luftsauerstoff arbeitet. Es dürfen weder Öffnungen bestehen bleiben, noch dürfen solche mit Gummi- oder – noch schlimmer – mit Korkstopfen verschlossen werden.

Soll der Reaktionskolben oder ein anderes Gefäss gekühlt werden, so taucht man ihn in ein Wasser- oder Eisbad ein. Für tiefere Temperaturen eignet sich Äthylalkohol, der mittels Trockeneis oder Kryostat abgekühlt wird.

Die Kühlwannen von Kryostaten sind meist so klein, dass darin höchstens Kolben bis 500 ml Volumen gekühlt werden können. Ist man daher gezwungen, einen zusätzlichen Behälter als Kühlbad zu verwenden, so erweisen sich Kryostaten mit einem saugenden Anschluss und einem solchen, der Kühlmittel liefert, als äusserst praktisch. Der Wärmeaustausch kann dann direkt von der Kühlflüssigkeit auf das Reaktionsgemisch erfolgen.

Der Kälteverlust, der entsteht, wenn als Behälter für die Kühlflüssigkeit ein Polyäthyleneimer statt einem Dewar-Gefäss verwendet wird, ist bei einer ständig in Umlauf befindlichen Kühlflüssigkeit nicht so tragisch zu nehmen. Bei Verwendung eines Dewars muss, wie schon auf Seite 53 erwähnt, auf den Magnetrührer zu Gunsten eines Brunnerrührers verzichtet werden.

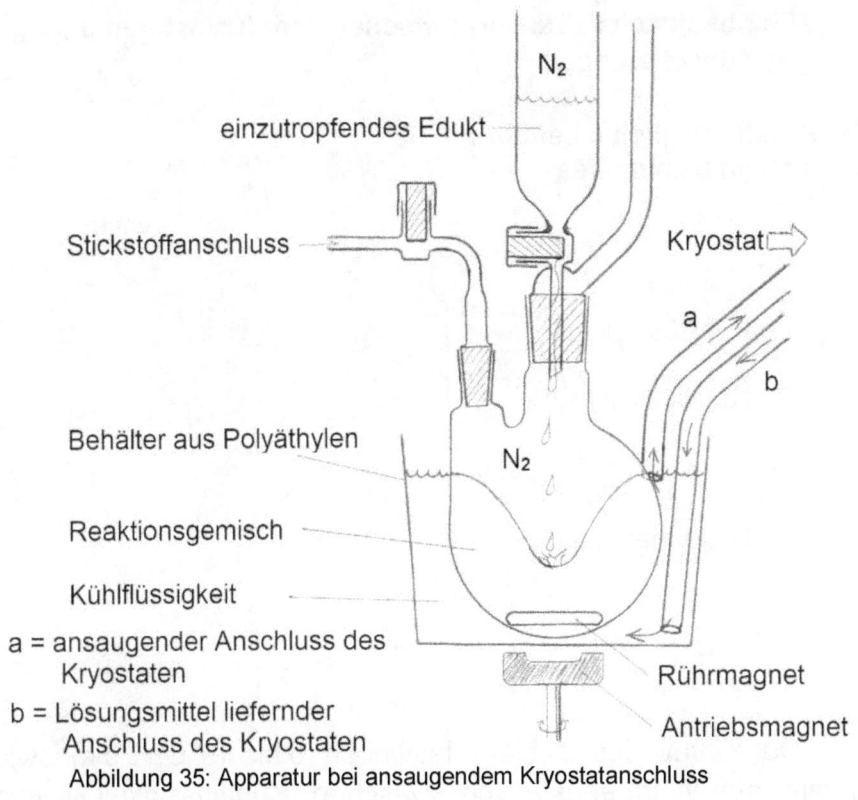
Abbildung 35: Apparatur bei ansaugendem Kryostatanschluss

Kryostaten, die nur einen Kühlmittel nachschiebenden Anschluss besitzen, nicht aber einen ansaugenden Anschluss, sind in der Handhabe etwas weniger praktisch als die zuvor erwähnten. In diesem Fall müssen Gefässe mit Kühlwindungen verwendet werden.

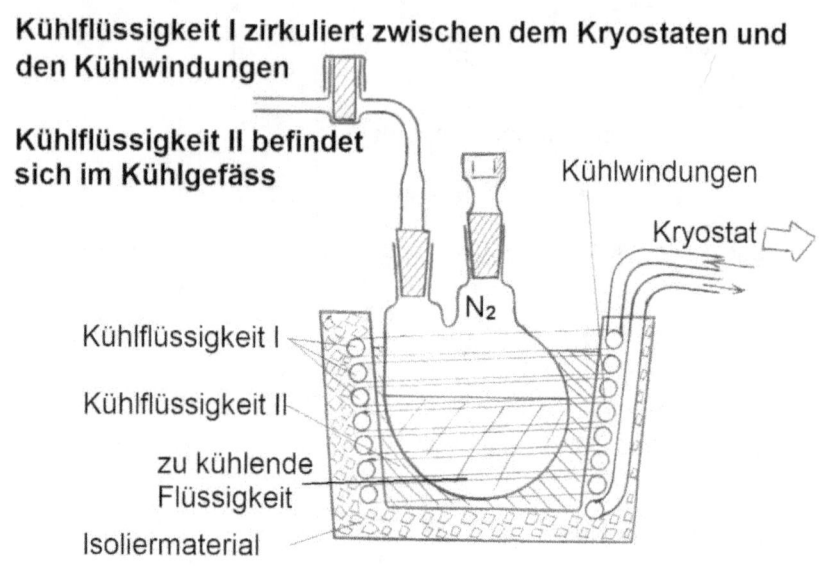

Abbildung 36: Gefäss mit Kühlwindungen

Der Kälteverlust ist hier relativ hoch (5 bis 10°C). Es muss ja einmal ein Wärmeaustausch zwischen Kühlflüssigkeit I und Kühlflüssigkeit II stattfinden und ein zweiter zwischen der Kühlflüssigkeit II und dem zu kühlenden Medium.

Bei Kondenswasser oder Eisbildung an einem Kühlaggregat (Behälter mit Kühlwindungen usw.) ist darauf zu achten, dass keine elektrischen Apparate (z.B. Magnetrührer) befeuchtet werden.

Kapitel 12 Eintropfen

a. *Einfaches Eintropfen*

Tropftrichter ohne Druckausgleich sind nicht leicht in ein System einzuordnen, welches unter Luftausschluss arbeitet. Sie sind möglichst schon zu Beginn einer Arbeit in der Apparatur einzukalkulieren, damit sie gleichzeitig mit den anderen Elementen entgast werden können.

Muss ein Tropftrichter in eine schon entgaste Apparatur eingefügt werden, so verschliesst man ihn unten mit einer geschlossenen Hülse. Beim Entgasen bleibt der Hahn des Tropftrichters geöffnet. Unter Stickstoffstrom wird er danach auf die übrige Apparatur aufgesetzt. Da der Tropftrichter ohne Druckausgleich unten beim Auslass eine Stelle besitzt, die nicht mit einem Stickstoffstrom geschützt werden kann, soll der Wechsel von der geschlossenen Hülse zur Öffnung einer Apparatur rasch erfolgen und über einen kurzen Weg führen (siehe Abbildung 37 auf Seite 64).

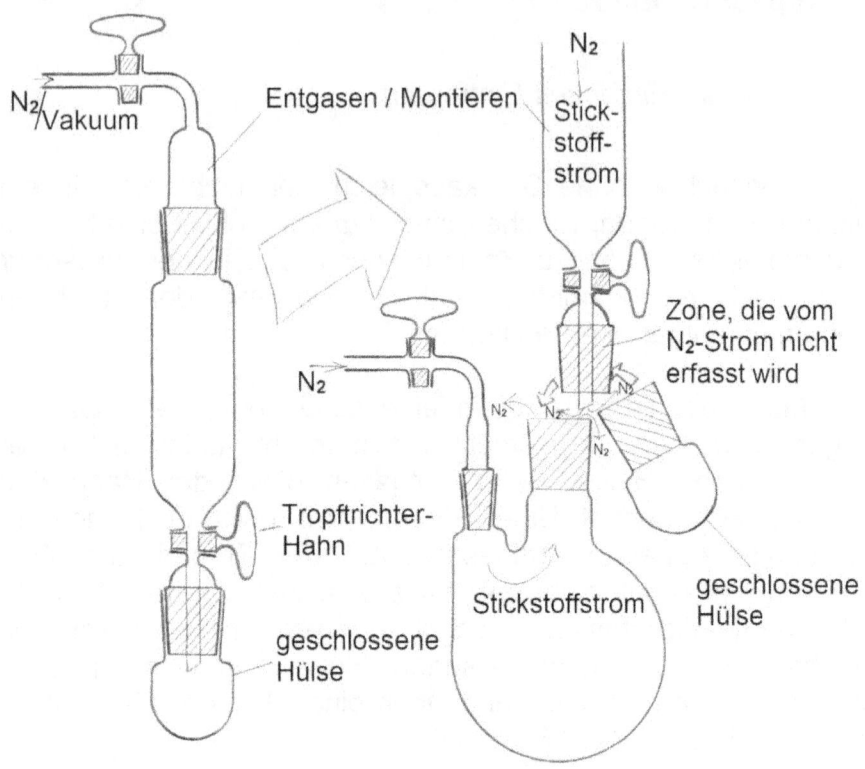

Abbildung 37: Schneller Wechsel unter Stickstoffstrom

Tropftrichter ohne Druckausgleich werden beschickt, indem man zunächst ihren Hahn nach unten öffnet, sofern das möglich ist. Nun entfernt man den oberen Stickstoffanschluss und führt ein Glasrohr, aus dem Stickstoff ausströmt, in den Tropftrichter ein. Nachdem man den unteren Hahn wieder geschlossen hat, wird er wie jedes andere festgemachte Gefäss mit Substanzen gefüllt. Den vollen Tropftrichter verschliesst man wieder, indem man seine Öffnung zunächst in den Stickstoffstrom des Kegels taucht, um nun vorsichtig das Glasrohr wieder herauszuziehen.

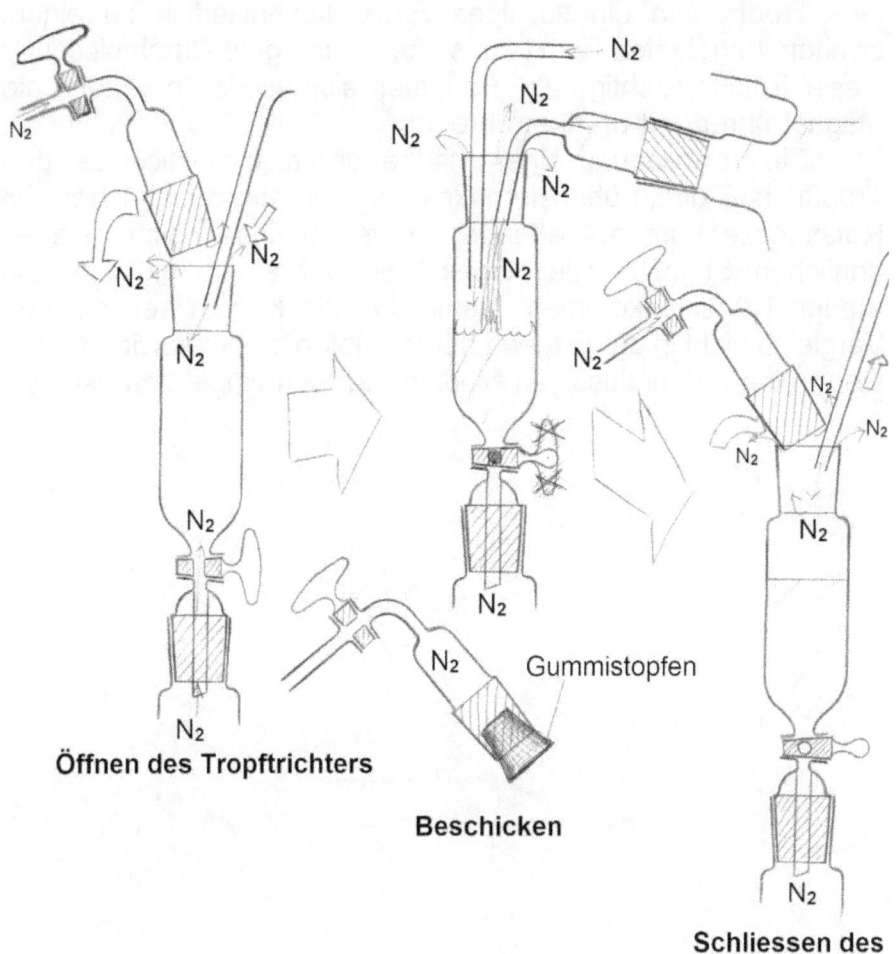

Abbildung 38: Beschicken Tropftrichter unter Stickstoffstrom

Weitere Anleitungen für das Umfüllen von Substanzen finden sich in Kapitel 17 Abschnitt a.

Tropft man ein flüssiges Edukt kontinuierlich zu einem zweiten vorgelegten Edukt zu, so kann eine gute Durchmischung dieser Edukte wichtig sein. Es bieten sich wieder in erster Linie Magnetrührer und Brunnerrührer an.

Die Verwendung eines Magnetrührers ermöglicht es, den Tropftrichter direkt über dem Rotationszentrum anzubringen. Im Rotationszentrum auftreffende Tropfen befinden sich in einer ähnlichen Situation wie Kugeln, die auf einem gleichmässig runden Hügel ankommen. Damit uns die Kugeln bei unserem Vergleich nicht in der Gegend herumhüpfen, nehmen wir an, dass sie in einem dünnflüssigen Medium auf den Hügel herabsinken.

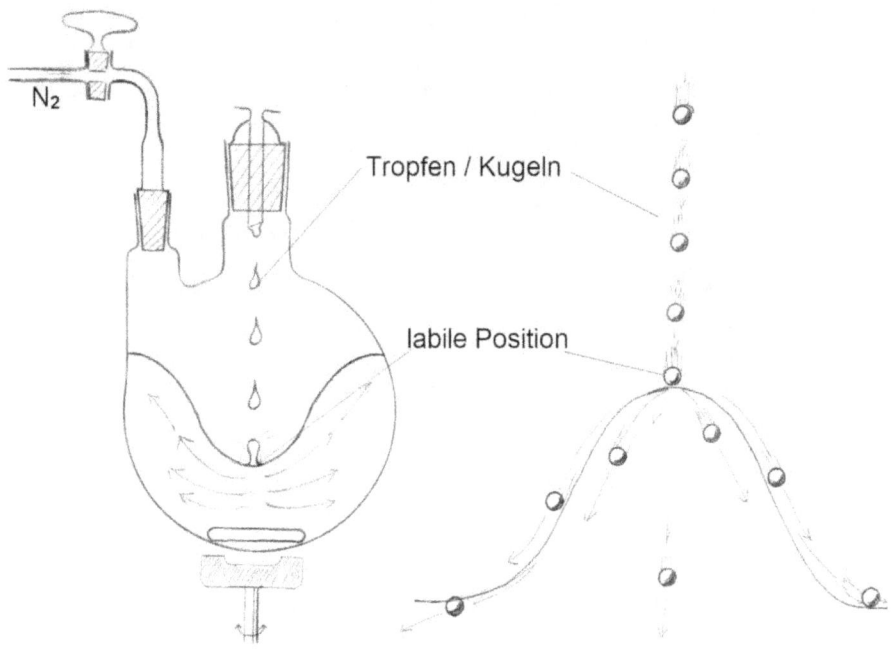

Abbildung 39: Vergleich Tropfen / Kugeln

Genauso, wie nun die Kugeln die Tendenz entwickeln, auf alle Seiten abzurollen, tendieren die Tropfen dazu, nach allen Seiten abzufliessen. Das führt natürlich zu einer raschen Verteilung des auftreffenden Tropfens im rotierenden Medium.

Kann aus irgendeinem Grund der Magnetrührer nicht zur Anwendung gelangen, so lässt sich auch bei Brunnerrührern ein Eintropfen ins Rotationszentrum erreichen, indem man die gesamte Apparatur in Schräglage versetzt.

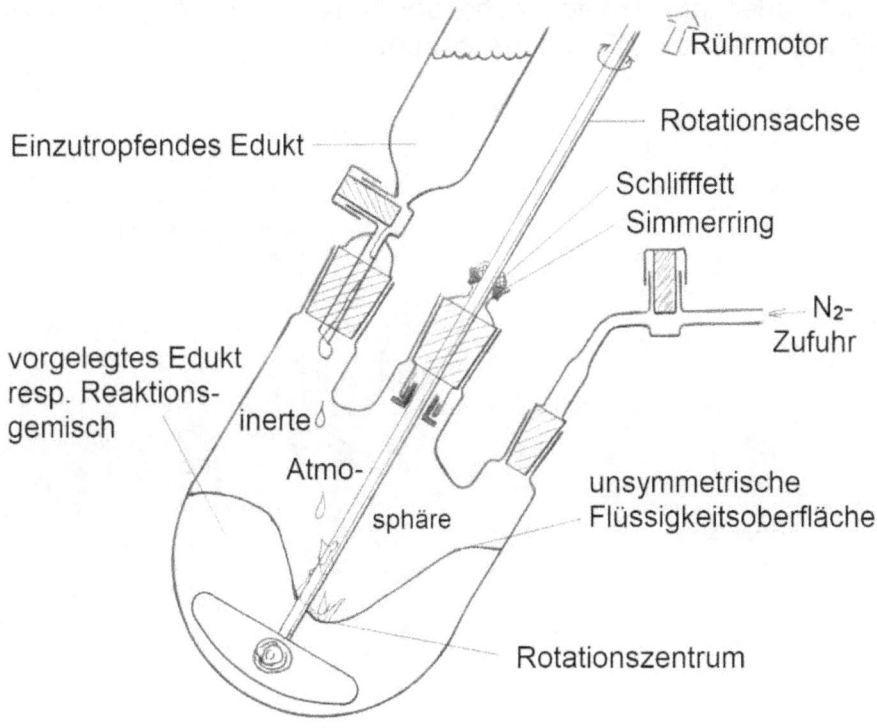

Abbildung 40: Eintropfen ins Rotationszentrum

Die Deformation der durch die Rotation entstehenden Vertiefung in der Flüssigkeitsoberfläche hat auf den Reaktionsverlauf ja keinen Einfluss.

Eine weitere Möglichkeit, bei der Agitation mittels Brunnerrührer die Tropfen schön in den Rotationsmittelpunkt zu bringen, besteht darin, dass man die Mündung des Tropftrichters mittels Polyäthylenschlauch verlängert. Dieser Polyäthylenschlauch soll so zurechtgebogen[16] sein, dass die einzutropfende Flüssigkeit entweder der Rotationsachse entlang nach unten fliesst oder ihre Tropfen nahe der Rotationsachse, parallel zu dieser, beinahe ins Rotationszentrum fallen.

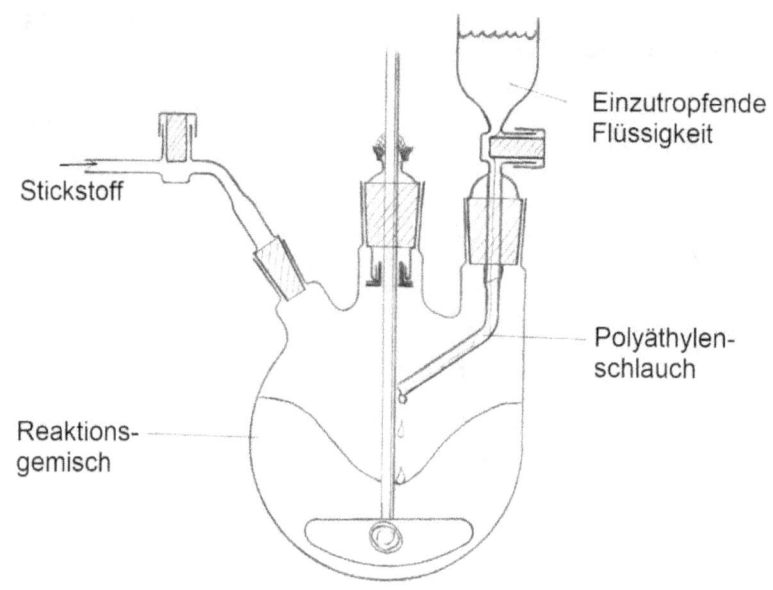

Abbildung 41: Der Trick mit dem Polyäthylenschlauch

---

[16] Polyäthylenschläuche lassen sich erwärmt leicht deformieren.

Natürlich gibt es auch Situationen bei denen es sinnvoll ist, eine Flüssigkeit in die unter starker Strömung stehende Randzone eines rotierenden Mediums einzutropfen.

b. *Einleiten grosser Mengen einer Flüssigkeit*

Müssen einem vorgelegten Edukt so grosse Mengen eines anderen Eduktes zugetropft werden, dass die Verwendung eines Tropftrichters nicht mehr sinnvoll ist, so kann eine Art Siphon zusammengebaut werden, welcher nun die Rolle des Tropftrichters übernimmt. So ein Siphon wird in "Abbildung 42: Siphon-System" auf Seite 70 gezeigt.

Ein leichter Unterdruck in dem in Abbildung 42 links gezeigten Kolben und ein über das Stickstoffsystem aufrecht gehaltener leichter Stickstoffüberdruck im rechten Kolben sorgen für den Transport der zuzugebenden Flüssigkeit von einem Kolben zum anderen. Die Zutropfgeschwindigkeit lässt sich an dem im Abbild bezeichneten Tefloflexhahn regulieren. Es ist in diesem Fall nicht gut möglich, den Reaktionskolben unter Stickstoffüberdruck zu halten. Als Agitationsart kommt deshalb nur Rühren mittels Magnetrührer in Frage.

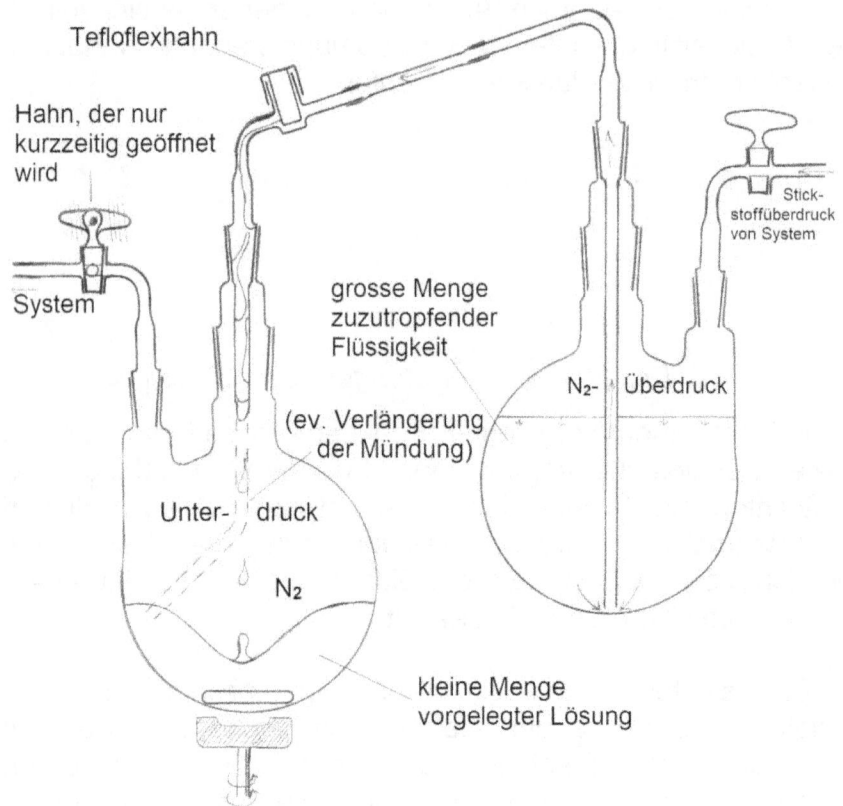

Abbildung 42: Siphon-System

Wird bei der Reaktion der beiden Edukte Wärme frei, so muss dem linken Kolben ein Rückflusskühler aufgesetzt werden, was dann natürlich einen Kolben mit zwei grossen Schliffen oder eine andere Anordnung des Gaseinleitungsrohrs mit Hahn voraussetzt (siehe "Abbildung 43: Rückflusskühler" auf Seite 71).

Da ein Überdruck im Reaktionsgefäss jederzeit über den als Siphon benutzten Kolben (siehe Abbildung 42) entweichen

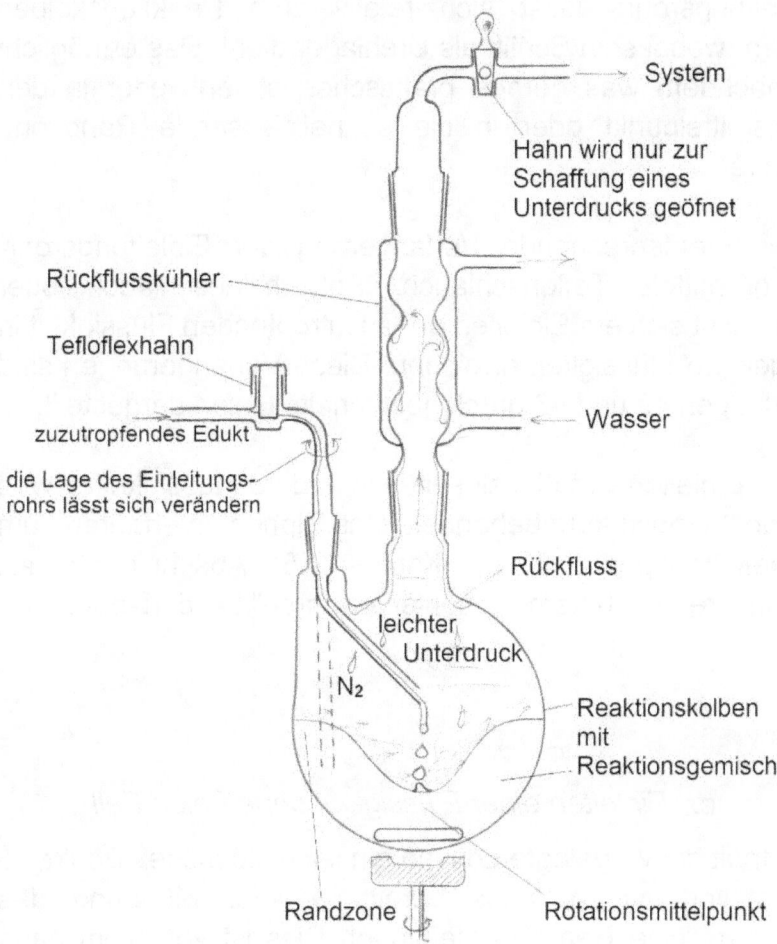

Abbildung 43: Rückflusskühler

könnte, liegt hier nur scheinbar ein geschlossenes System vor, innerhalb dem rückflussiert wird. Es ist hier jedoch etwas schwieriger, gleichmässig einzutropfen.

Die Lage des in Abbildung 43 auf Seite 71 gezeigten Gaseinleitungsrohrs lässt sich relativ zum Reaktionskolben verändern, wobei sein Schliff als Drehlager dient. Das ermöglicht es, je nachdem was gerade praktischer ist, entweder in den Rotationsmittelpunkt oder in die schnellfliessende Randzone einzutropfen.

Durch entsprechende Verlängerung der Einleitungsrohrmündung mittels Teflonschlauch, Polyäthylenschlauch oder Glasrohr lässt sich ein Einleiten der zuzutropfenden Flüssigkeit in die vorgelegte Flüssigkeit erreichen. Diese Verlängerungen sind in Abbildungen 42 und 43 durch gestrichelte Linien dargestellt.

Das Einleiten von Flüssigkeiten in andere Flüssigkeiten wird in Abschnitt c noch kurz behandelt. Das Siphonierverfahren zum Flüssigkeitstransport ist in Kapitel 15 Abschnitt b als "Abdekantieren nach dem Siphonierverfahren" beschrieben.

c. *Einleiten einer Flüssigkeit ohne freien Fall*

Enthält die vorgelegte Lösung ein leicht flüchtiges Edukt, so kann es vorkommen, dass bereits an der Mündung des Tropftrichters eine Reaktion stattfindet. Dies ist vor allem dann unerwünscht, wenn das entstehende Produkt fest ist, weil es die erwähnte Mündung leicht verstopfen kann. Wenn diese Mündung nun direkt in die unter starker Strömung stehende Randzone des rotierenden Reaktionsgemisches eintaucht, so wird entstehender Festkörper laufend weggespült und im Reaktionsgemisch dann eventuell aufgelöst. Das muss nicht immer gelingen, aber es kann. Wie wir das in Abschnitt b beim Gaseinleitungsrohr gesehen haben, lässt sich auch die Tropftrichtermündung mittels Teflonschlauch, Polyäthylenschlauch oder Glasrohr entsprechend verlängern.

Durch Drehen des Tropftrichters lässt sich die verlängerte Mündung in das rotierende Reaktionsgemisch eintauchen oder aus diesem "herausheben".

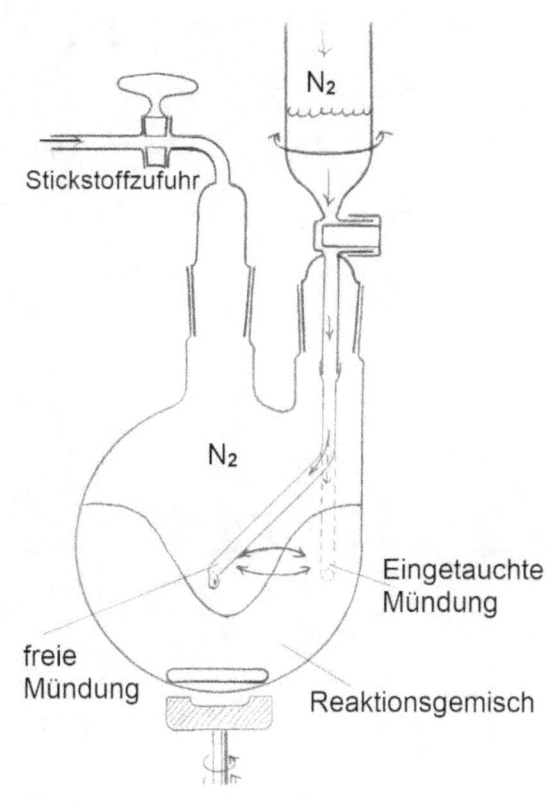

Abbildung 44: Leicht flüchtige Edukte

d. Eintropfen und gleichzeitiger Rückfluss

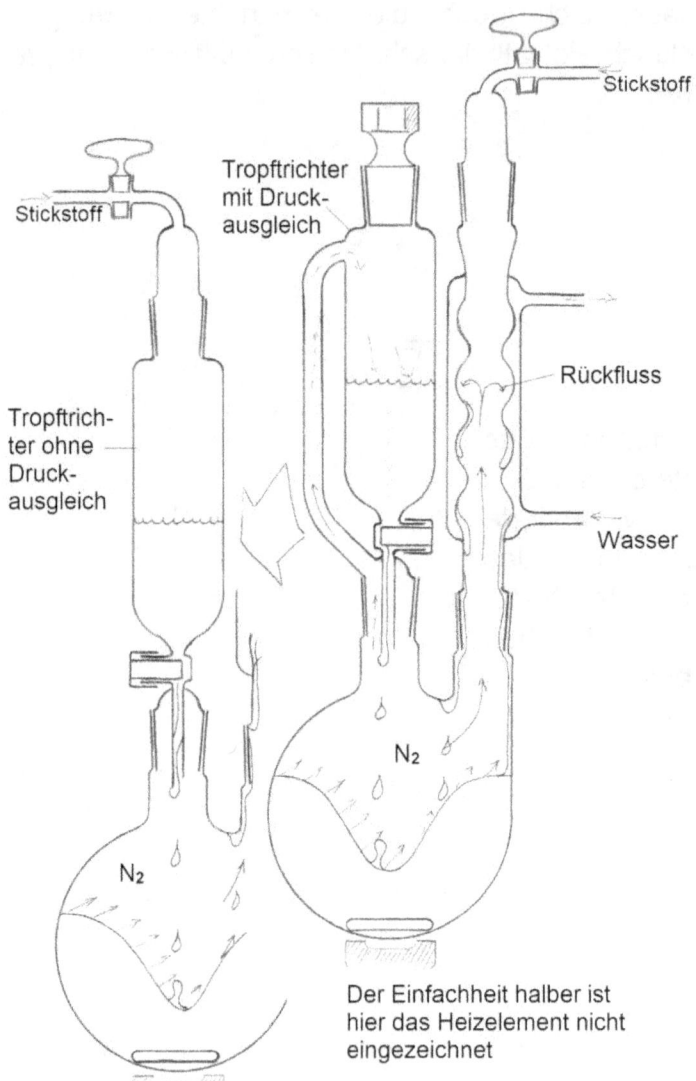

Abbildung 45: Eintropfen und gleichzeitiger Rückfluss

Normalerweise stellt das gleichzeitige Eintropfen und Rückflussieren bei der Verwendung der für viele Arbeiten äusserst praktischen Tropftrichter mit Druckausgleich kein Problem dar.

Wenn sich in der vorgelegten rückflussierenden Lösung jedoch auch sehr flüchtige Edukte befinden, können diese in kleinen Mengen über den Druckausgleich zum zutropfenden Edukt gelangen (gestrichelte Pfeile in Abbildung 45). Das kann dann störend wirken, wenn schon im Tropftrichter bei schlechter Durchmischung eine Reaktion zwischen den beiden Edukten stattfindet.

Ist das nicht erwünscht, so muss zum konventionellen Tropftrichter zurückgegriffen werden. Für den Ausgleich von Druckunterschieden sorgen dann die beiden Stickstoffanschlüsse an den oberen Enden des Tropftrichters und des Kühlers. Beide müssen mit dem Stickstoffsystem verbunden und geöffnet sein.

Kapitel 13 Rückfluss und Destillation

a. *Rückfluss*

Der Rückfluss eines Lösungsmittels oder eines Eduktes dient meist dazu, innerhalb von einem Reaktionsgemisch während längerer Dauer eine mehr oder weniger stark erhöhte, konstante Temperatur aufrecht zu erhalten. Befindet sich das Reaktionsgemisch in Lösung, so liegt normalerweise der Siedepunkt dieser Lösung etwas höher als der Siedepunkt des verwendeten Lösungsmittels im reinen Zustand.

In Abbildung 46 wird ein einfaches Schema einer Rückflussapparatur für inerte Bedingungen wiedergegeben. Zur Vermeidung von Siedeverzügen[17] sollen keine Siedesteine verwendet werden, da diese in ihren Poren zu viel Sauerstoff enthalten. Bei guter Agitation der zu rückflussierenden Lösung – hier mit Magnetrührer – treten Siedeverzüge meist nicht in Erscheinung[18].

Damit kein abgeschlossener Raum entsteht, muss der über dem Rückflusskühler befindliche Anschluss zum Stickstoffsystem hin geöffnet sein. Man beachte, dass der am Rundkolben befindliche Anschluss während dem Rückfluss geschlossen ist, da man sonst die siedende Flüssigkeit in die Schläuche des Systems hinein destilliert.

---

[17] Anm. d. Hg: Hier ist mit Siedeverzug das plötzlich auftretende Sieden einer Flüssigkeit gemeint, welches bei offenen Gefässen zum Verspritzen der Flüssigkeit führen kann.
[18] Anm. d. Hg: Ohne Agitation eignen sich hier auch Abschnitte eines Glasrohrs oder Glassiedeperlen, um Siedeverzüge zu verhindern.

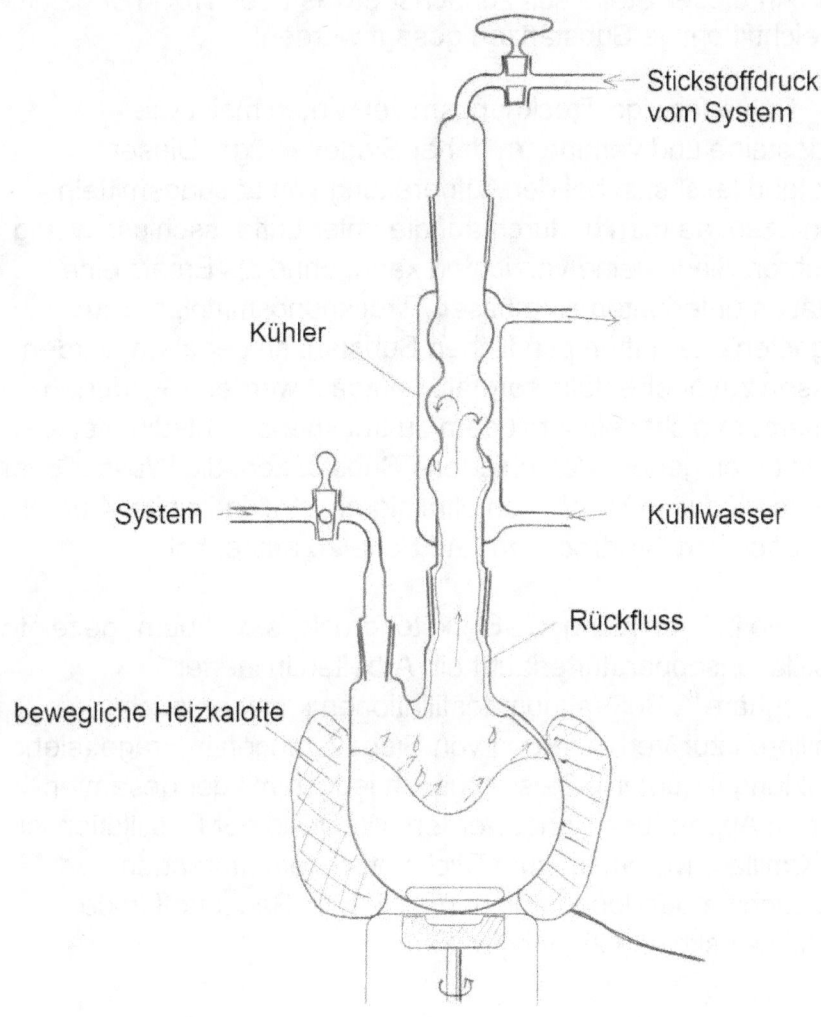

Abbildung 46: Rückflussapparatur

b. *Einfache Destillation*

An dieser Stelle soll zunächst etwas über Trocknungsmittel für leichtflüchtige Substanzen gesagt werden:

Pulverförmige Trocknungsmittel wirken meist wie Siedesteine und verhindern daher Siedeverzüge. Dieser Umstand lässt sich bei der Aufbereitung von Lösungsmitteln ausnützen, da man dadurch auf die unter Luftausschluss wenig beliebten Siedesteine verzichten kann, ohne als Ersatz eine Agitation unterhalten zu müssen. Trocknungsmittel, die zu entgasten oder luftempfindlichen Substanzen gegeben werden, müssen zuvor ebenfalls sorgfältig entgast werden. Sie dürfen ausserdem nicht selbst mit dem zu trocknenden Medium eine Reaktion eingehen. Verschiedene Substanzen, die Wasser oder Sauerstoff aus Flüssigkeiten eliminieren, sind in Kapitel 4 unter dem Stichwort "Vortrocknen" auf Seite 25 aufgezählt.

Die in "Abbildung 47: Stickstoffdruck vs. Vakuum" gezeigte Destillationsapparatur erlaubt ein Arbeiten in inerter Atmosphäre[19]. Bei Vakuumdestillationen kommen auch Kapillaren zur Verhinderung von Siedeverzügen in Frage (siehe Abbildung 47 unten). Diese müssen jedoch mit der gesamten übrigen Apparatur entgast werden. Während der Destillation ist die Kapillare mit einem zum Stickstoffsystem führenden Schlauch verbunden, damit durch sie kein Sauerstoff in den Destillationskolben eindringen kann.

---

[19] Anm. d. Hg: "Variak" steht für des Regelsystem des Heizkörpers

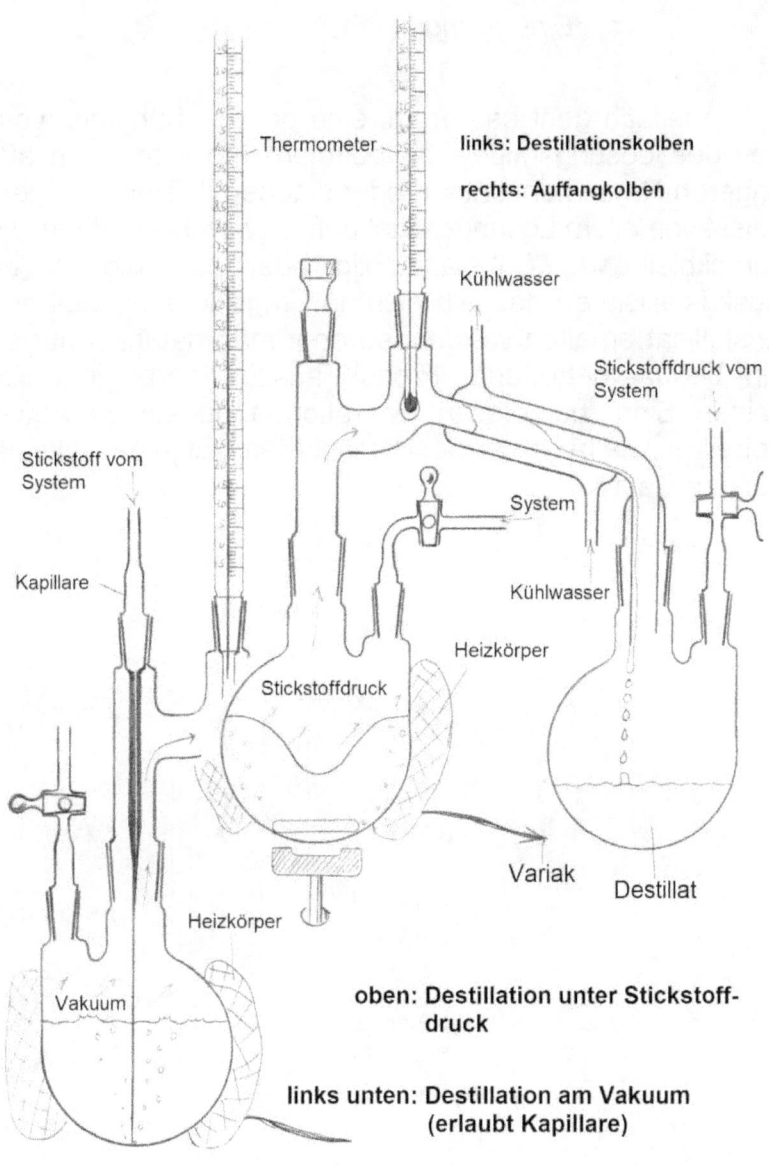

Abbildung 47: Stickstoffdruck vs. Vakuum

c. *Einengung*

Vielfach geht es darum, eine gelöste Substanz von einem Teil des Lösungsmittels zu befreien. Sie wird dann auf einen engeren Raum konzentriert oder eingeengt. Total eingeengt, das heisst von allem Lösungsmittel befreit, wird meist dann, wenn die zurückbleibende Substanz ölig oder harzartig ist und ein Auskristallisieren deshalb nicht in Frage kommt. Soll ein reines Kristallisat erhalten werden, so engt man natürlich nur so lange ein, bis das betreffende Produkt auszufallen beginnt. Es macht keinen Sinn, bei diesen Operationen denselben Aufwand zu betreiben wie bei einer Destillation. Man legt ja meist keinen Wert auf das Destillat.

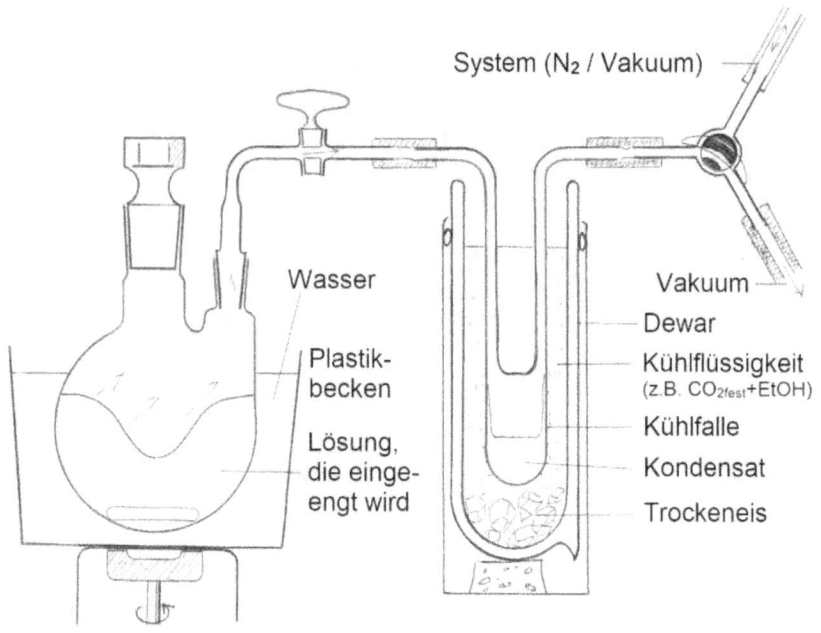

Abbildung 48: Einengung

Die einzuengende Lösung wird mit einem Wasserbad auf einer konstanten Temperatur gehalten, die jedoch nicht höher als 20°C (Zimmertemperatur) sein sollte. Mit Hilfe von Kryostaten ist es auch möglich, bei Temperaturen unter 0°C einzuengen (siehe auch Kapitel 11 "Kühlung" ab Seite 60).

Die Apparatur wird, wie in Abbildung 48 gezeigt, an das Stickstoffsystem und die Vakuumpumpe so angeschlossen, dass sie sich jederzeit wieder entgasen oder mit Stickstoff füllen lässt. Natürlich muss vor dem Einengen die ganze Apparatur sorgfältig entgast werden. Das Kühlmittel für die Kühlfalle soll so gewählt werden, dass das anfallende Kondensat gerade noch flüssig bleibt. Das hilft Verstopfungen zu vermeiden. Werden Lösungsmittel mit hohem Fliesspunkt wie Benzol (F = 5,5 °C) oder p-Xylol (F = 13,3 °C) abgedampft, so ist es nicht mehr gut möglich, diese als Flüssigkeit anfallen zu lassen.

Es empfiehlt sich in diesem Fall, möglichst weite Kühlfallen zu benutzen, damit es bis zur Verstopfung derselben etwas länger dauert. Eine mit Kondensat verstopfte Kühlfalle kann für kurze Zeit aufgetaut werden, wenn für diese Zeit der Hahn zur Vakuumpumpe geschlossen wird.

Ist die anfallende Lösungsmittelmenge sehr gross, so lohnt es sich oft, aus dem oberen Teil einer Gaswaschflasche und einem Rundkolben eine überdimensionierte Kühlfalle zusammenzubauen (siehe Abbildung 49 auf Seite 82).

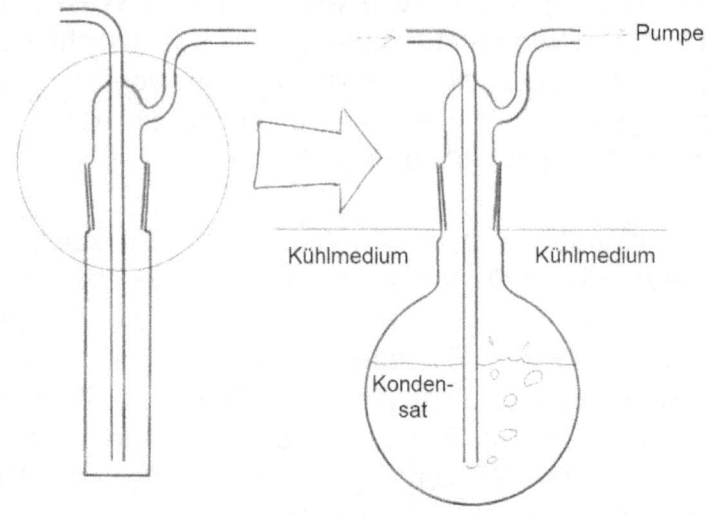

Abbildung 49: Überdimensionierte Kühlfalle

Eine solche "Kühlfalle" setzt einen entsprechend grossen Dewar oder ein anderes Gefäss zur Aufnahme des Kühlmittels voraus.

Dürfen die aufgefangenen Kondensate nicht der Luft ausgesetzt werden, so müssen Kühlfallen mit Schliffen, wie sie auf Seite 45 in Abbildung 24 gezeigt werden, zum Einsatz gelangen.

Bei Verwendung einer Wasserstrahlpumpe zur Erzeugung des, für die Einengung benötigten, Vakuums, muss ausserhalb des Stickstoffsystems eine zusätzliche, mit flüssigem Stickstoff gekühlte, Kühlfalle eingebaut werden (Abbildung 50). Diese soll das Eindringen von Feuchtigkeit aus der Wasserstrahlpumpe in das System verhindern.

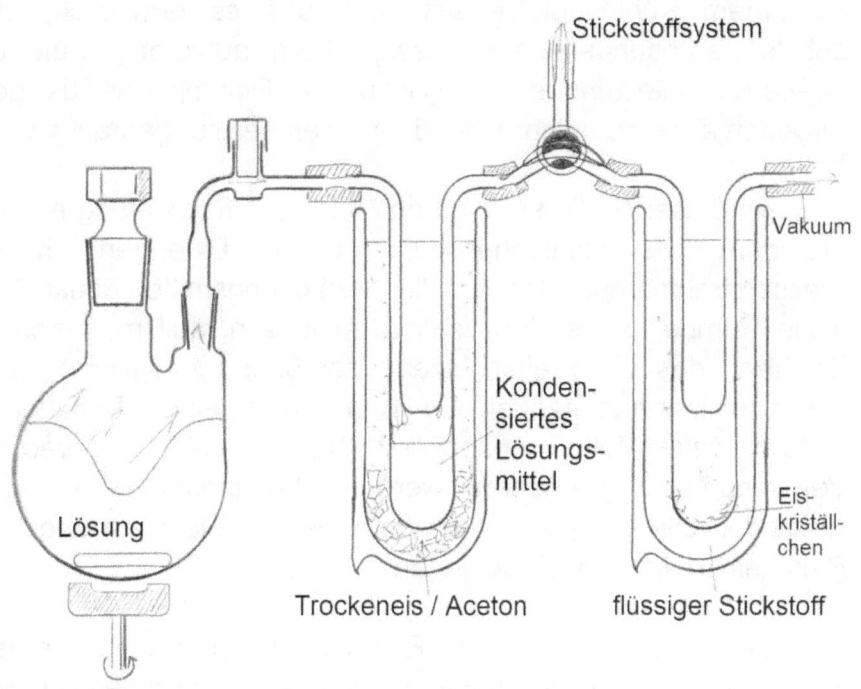

Abbildung 50: Wasserstrahlpumpe & flüssiger Stickstoff

Vor dem Einengen soll auch die zweite Kühlfalle sorgfältig entgast werden, indem man jeweils beim Füllen mit Stickstoff den Schlauch zwischen dieser Kühlfalle und der Wasserstrahlpumpe zusammenpresst.

Will man mit der zweiten Kühlfalle lediglich die Ölpumpe gegen Lösungsmitteldämpfe besser abschirmen, so braucht sie nicht ausserhalb dem unter Stickstoff stehenden System montiert zu werden. Dem Kolben mit der einzuengenden Lösung folgen dann zwei hintereinandergeschaltete Kühlfallen, wobei die erste mit einem Kühlmittel gekühlt wird, das es ermöglicht, das anfallende Lösungsmittel in flüssiger Form aufzufangen und die zweite Kühlfalle zum besseren Schutz der Ölpumpe mit flüssigem Stickstoff auf eine entsprechend tiefe Temperatur gebracht wird.

An dieser Stelle sei mir noch folgende Bemerkung erlaubt: Trotzdem es einfacher ist beim Einengen mittels Wasserstrahlpumpe das anfallende Lösungsmittel direkt über diese Pumpe in die Kanalisation zu lassen, soll man sich im Zeichen des Umweltschutzes bemühen, möglichst alles Lösungsmittel aufzufangen. Es kann dann in einem Behälter für Lösungsmittelabfälle gesammelt und zur fachgerechten Vernichtung weggegeben werden. Lösungsmittel – auch wasserlösliche – sollen weder über die Kapelle noch über den Rinnstein in die Umwelt gelangen.

Ein besonders rasches Einengen kann erreicht werden, wenn man über die evakuierte, siedende Lösung einen leichten, den Druckverhältnissen angepassten, Stickstoffstrom streichen lässt. Zur wirksamen Reduktion dieses Stickstoffstromes kann eine Schlauchklemme verwendet werden (siehe Abbildung 51).

Diese Methode des Hinübertreibens wird vor allem dann angewandt, wenn innert kurzer Zeit grosse Lösungsmittelmengen abgedampft werden sollen. Ein Stickstoffstrom innerhalb einer Apparatur, die relativ zum Aussendruck unter Vakuum steht, hat vor allem dann eine beruhigende Wirkung, wenn man nicht ganz sicher ist, ob die betreffende Apparatur auch wirklich vakuumdicht ist.

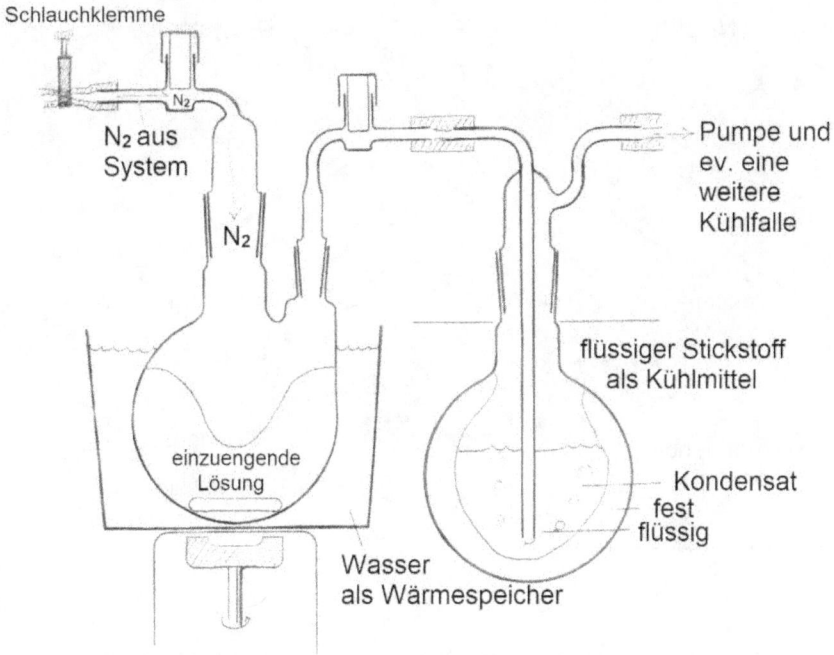

Abbildung 51: Rasches Einengen

Folgende Methode zum raschen und schonungsvollen Abdampfen grosser Lösungsmittelmengen soll noch beschrieben werden: Die in Abbildung 52 auf Seite 86 gezeigte Anordnung gleicht etwas einer stark vereinfachten Destillationsapparatur. Über das Stickstoffsystem wird das Ganze nun so lange evakuiert, bis die im linken Kolben befindliche Flüssigkeit zu sieden beginnt. Sobald das der Fall ist, werden die beiden Anschlüsse an den Kolben geschlossen und das **Stickstoffsystem** – ohne "Destillationsvorrichtung" – mit Stickstoff gefüllt. Das Vakuum innerhalb der Apparatur kann von Zeit zu Zeit erneuert werden, falls das notwendig sein sollte.

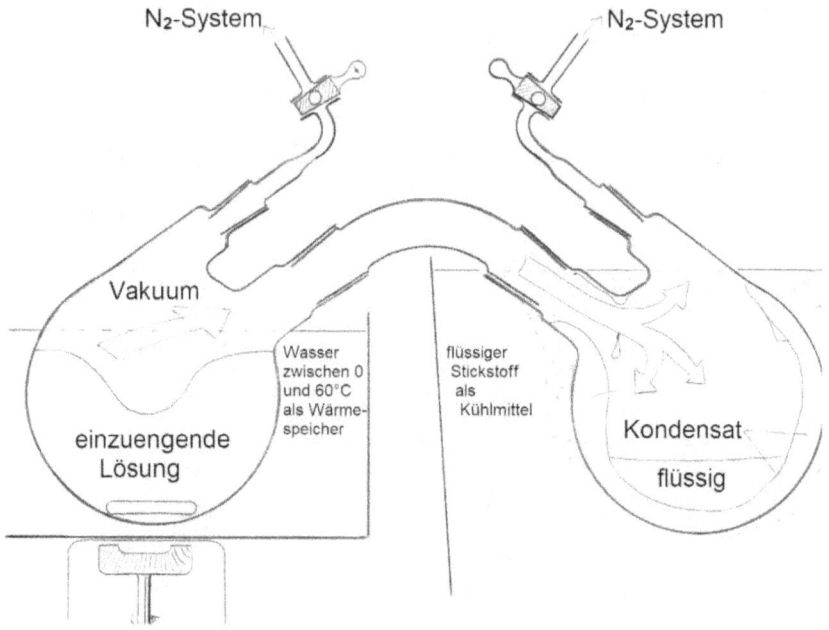

Abbildung 52: Schonungsvolles Abdampfen

Der linke Kolben wird meist mit einem grösseren Plastikbecken voll Wasser auf einer bestimmten Temperatur gehalten, die sich zwischen 0 und 60°C bewegen dürfte. Da der rechte Kolben gleichzeitig die Kondensationsfläche und das Auffanggefäss darstellt, kann nicht viel verstopfen. Aus diesem Grund schlage ich als wirksames Kühlmittel flüssigen Stickstoff vor. Ein möglichst grosses Temperaturgefälle begünstigt nämlich die rasche "Destillation" des Lösungsmittels. Diese Methode des Einengens kann deshalb mit grosser Sicherheit (für empfindliche Substanzen) betrieben werden, weil sich in der, während des Betriebes abgeschlossenen, Apparatur keine Gummiteile befinden, die undicht sein können oder die sich durch den Einfluss des Lösungsmittels aufzulösen beginnen.

d. Einengung und gleichzeitiger Transport in ein kleineres Gefäss

Es kann manchmal nützlich sein, stark verdünnte Lösungen in einem Kolben einzuengen, der zu klein ist, um die ganze Lösung zu fassen, dessen Masse jedoch für das anfallende Konzentrat gerade richtig wären. In Abbildung 53 wird eine Apparatur gezeigt, die es ermöglicht, eine stark verdünnte Lösung kontinuierlich oder in Intervallen in einen kleinen Kolben zu bringen, in dem sie dann bis auf ein Minimum an Lösungsmittel konzentriert wird.

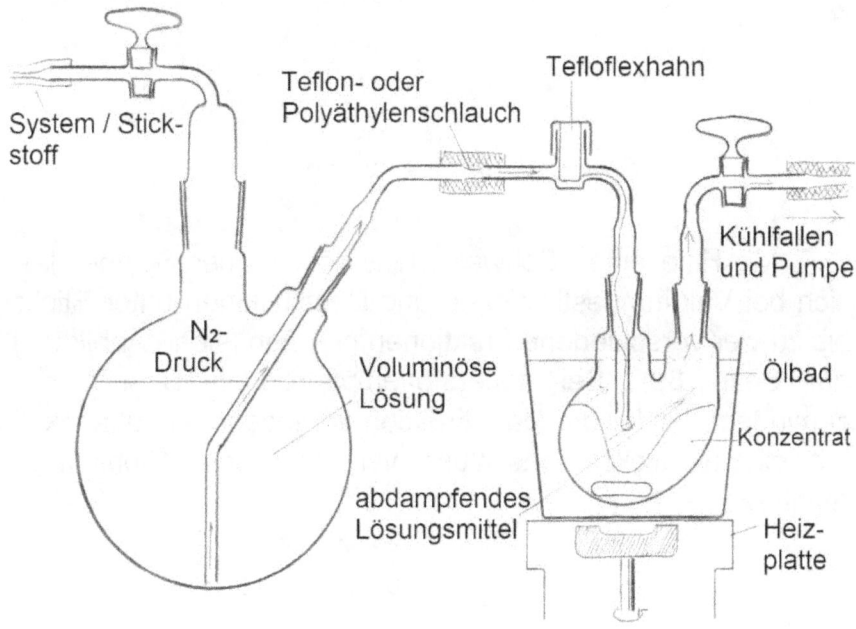

Abbildung 53: Abdampfen voluminöser Lösung

Bei der kontinuierlichen Zugabe der verdünnten Lösung aus dem linken grossen Kolben in den kleineren, für das Konzentrat bestimmten Kolben besteht manchmal die Gefahr, dass schon an der Mündung des in Abbildung 53 auf Seite 87 rechts gezeigten Gaseinleitungsrohrs mit Hahn Substanz ausfällt. Das kann zum Verstopfen des oben erwähnten Teiles führen. Ist das der Fall, so bleibt nur noch die Methode, bei der in Intervallen Lösung zugegeben wird.

Diese Art der kombinierten Transferierung und Einengung stark verdünnter Lösungen stellt ein Beispiel der Siphoniertechnik dar, die in Kapitel 15 Teil b auf Seite 108 noch einmal erwähnt wird.

e. *Fraktionierte Destillation*

Mit Hilfe eines Schweinchens (oder einer Spinne) lassen sich bei Vakuumdestillationen und Destillationen unter Stickstoff bis zu vier verschiedene Fraktionen nehmen (siehe Abbildung 54 auf Seite 89). Bei sauerstoffempfindlichen Destillaten soll zumindest der für die Hauptfraktion vorgesehene Auffangkolben mit einem Stickstoffanschluss versehen sein (Abbildung 54 rechts).

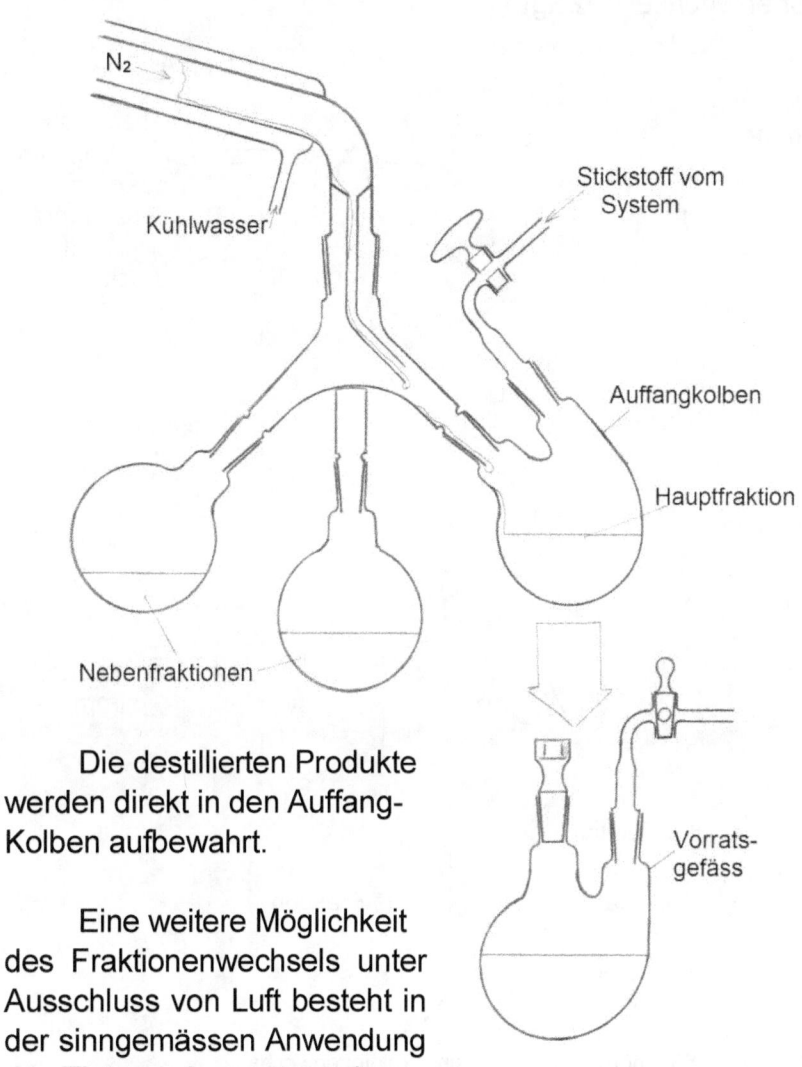

Die destillierten Produkte werden direkt in den Auffang-Kolben aufbewahrt.

Eine weitere Möglichkeit des Fraktionenwechsels unter Ausschluss von Luft besteht in der sinngemässen Anwendung des Thörner-Apparates oder

Abbildung 54: Fraktionierte Destillation

ähnlicher Apparaturen wie zum Beispiel der Vorstoss nach Thiele-Anschütz. In Abbildung 55 wird ein Thörner-Apparat beim Fraktionenwechsel gezeigt.

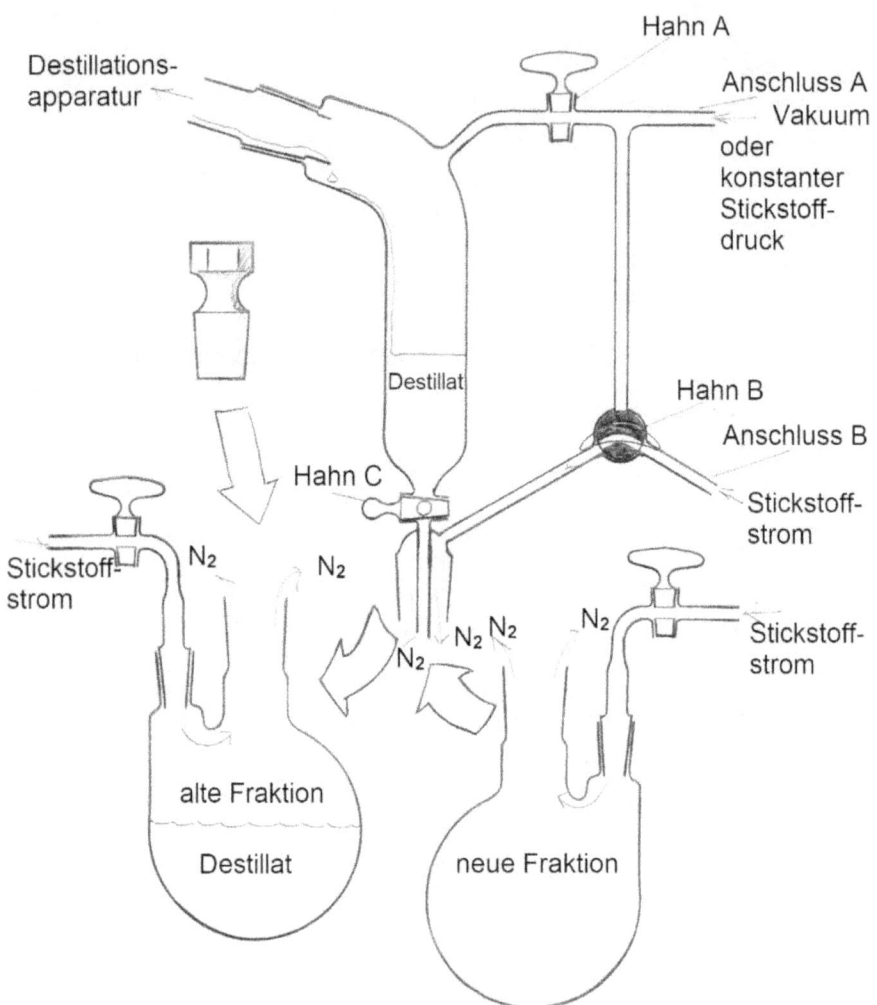

Abbildung 55: Thörner-Apparat beim Fraktionenwechsel

Ist es nicht möglich, während dem Fraktionenwechsel über Anschluss A einen konstanten Destillationsdruck zu garantieren (zweites Stickstoffsystem oder Vakuumpumpe), so ist es besser, wenn während dieser Zeit der Hahn A geschlossen bleibt. Die Prozedur soll in diesem Fall jedoch nicht allzu lange dauern[20].

---

[20] Anmerkung des Herausgebers: Im ursprünglichen Manuskript war von Thornier-Apparat die Rede. Meine Vermutung ist, dass sich das im angelsächsischen Raum schwer auszusprechende Thörner (nach dem Autor des im Juli 1876 veröffentlichten Buches "Ueber einen geeigneten Apparat zur fractionirten Destillation im luftverdünnten Raume": Wilhelm Thörner) zu Thorner und später, beim Re-Import in die deutsche Sprache zu Thornier wandelte. Im Sinne des Nachvollzuges habe ich mir erlaubt, den Begriff Thornier-Apparat für die Veröffentlichung durch Thörner-Apparat zu ersetzen.

Kapitel 14 Filtration

Fliesst eine Suspension von oben her durch ein poröses Material, das die darin enthaltenen Festkörper zurückhält und nur die klare Lösung passieren lässt, so sprechen wir von einer direkten Filtration. Dabei ist gewöhnlich die Erdanziehung die treibende Kraft für das Durchfliessen der Lösung. Bei den für Arbeiten unter Stickstoff zur Verfügung stehenden Filtermaterialien treten während des Durchflusses von Lösungen jedoch so grosse Adhäsions- und Reibungskräfte in Erscheinung, dass eine Filtration ohne Anwendung eines Druckgefälles meist zum Erliegen kommt. Aus diesem Grund soll auf der Seite des Filterrückstandes stets ein Stickstoffdruck herrschen, der etwas höher liegt, als der Druck der umgebenden Luft und auf der Seite des Filtrates ein wohldosiertes, mehr oder weniger starkes Vakuum.

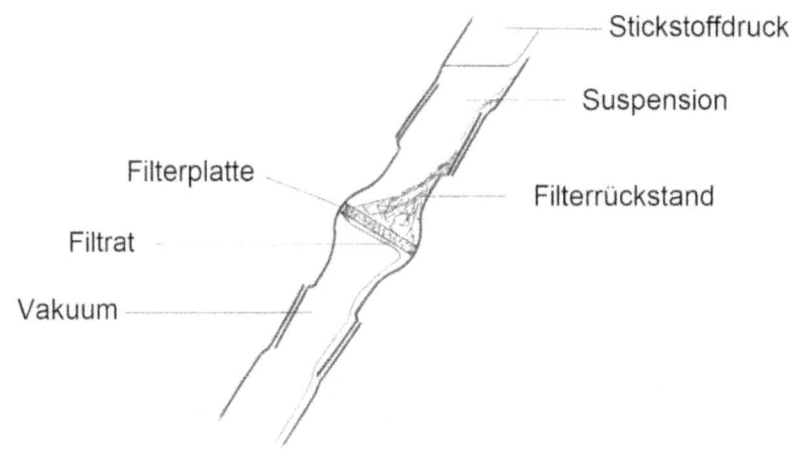

Abbildung 56: Filter mit Über- und Unterdruck

Eine andere Möglichkeit ist die umgekehrte Filtration. Die Flussrichtung ist hier von unten nach oben. Da die Erdanziehungskraft nun einen negativen Einfluss auf die Fliessrichtung ausübt, benötigt man ein etwas grösseres Druckgefälle als bei der direkten Filtration. Die bei der umgekehrten Filtration benötigten Eintauchnutschen sind auf Seite 41 in Abbildung 20 abgebildet.

Unter Stickstoff kommen als Filtrationsmaterial nur Glasnutschen verschiedener Feinheiten in Frage. Die verwendete Fritte soll so gewählt werden, dass sie ein möglichst rasches passieren der zu filtrierenden Suspension erlaubt, dabei aber trotzdem für eine optimale Trennung der beiden Phasen sorgt. Meist sind Fritten mit der Feinheit G3 ideal. In Kapitel 8, Abschnitt c (Seite 37) werden Filtergehäuse und Feinheiten der Fritten beschrieben. Die Bezeichnungen und die dazugehörigen Feinheiten der existierenden Fritten sind in Tabelle 4 auf Seite 37 zusammengestellt.

Schlammartige Festkörper tendieren dazu, die Poren des Filtrationsmaterials zu verstopfen. Dem kann mit etwas Glaswatte, die man auf der Seite des Filterrückstandes in das Filtergehäuse hineinstopft, meist recht wirksam entgegengetreten werden. Mit dieser Glaswatte darf jedoch weder Sauerstoff noch Feuchtigkeit in die Apparatur hineingelangen. Sie wird deshalb, bevor man die Apparatur montiert, in die Fritte gestopft und dann zusammen mit der Fritte gereinigt: Zunächst behandelt man das Ganze mit Chromschwefelsäure[21]. Darauf spült man mit sehr viel Wasser und zum Schluss mit etwas Aceton nach. Die so präparierte Fritte

---

[21] Anm. d. Hg: Rezeptur siehe in Fussnote auf Seite 119

bringt man bei 120°C in den Trockenschrank. Ist sie trocken, so wird sie in noch heissem Zustand in die übrige Apparatur eingebaut und dort sofort entgast.

Apparaturen, die Fritten enthalten, sollen zur Entgasung mindestens fünf Mal evakuiert und wieder mit Stickstoff gefüllt werden. Zur Evakuation öffnet man alle Anschlüsse der Apparatur. Um Stickstoff nachzufüllen, verschliesst man alle Anschlüsse bis auf einen, der so gewählt ist, dass jeweils möglichst viel Stickstoff die Fritte passieren muss, bevor er in die Apparatur eindringen kann.

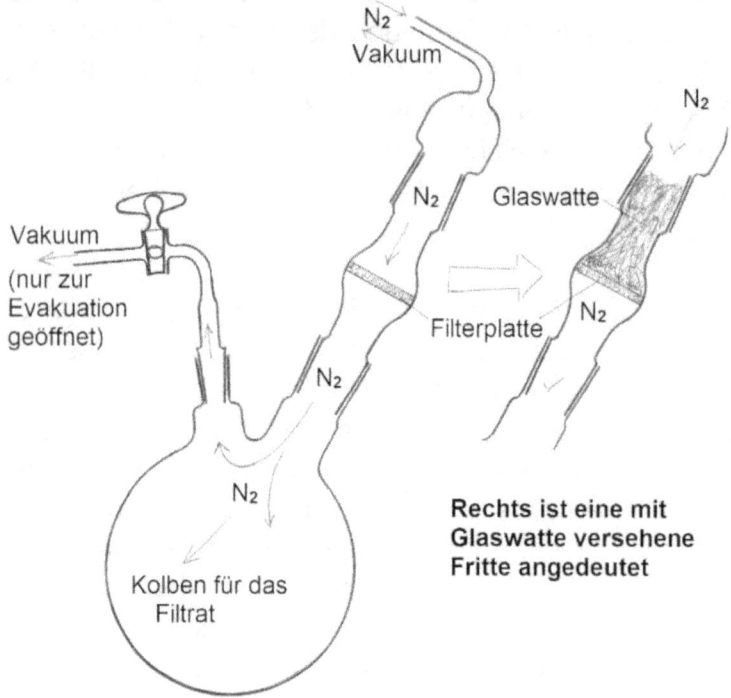

Abbildung 57: Filtrationsapparatur, die entgast wird

a. *Direkte Filtration*

Diese Methode ist die einfachere von den zwei Filtrationsmöglichkeiten, die wir haben. Sie empfiehlt sich überall da, wo sehr kleine Schlifffettbeimengungen im Filtrat nicht so tragisch zu nehmen sind. Sollen die in einem Rundkolben befindlichen zwei Phasen eines Festkörpers und einer diesen Festkörper umgebenden Flüssigkeit getrennt werden, so geht man wie folgt vor:

Zunächst wird ein Rundkolben, der gross genug ist, das Filtrat aufzunehmen, in der Art, wie es in Abbildung 57 auf Seite 94 gezeigt wird, mit einer Fritte versehen. Die Filterplatte und

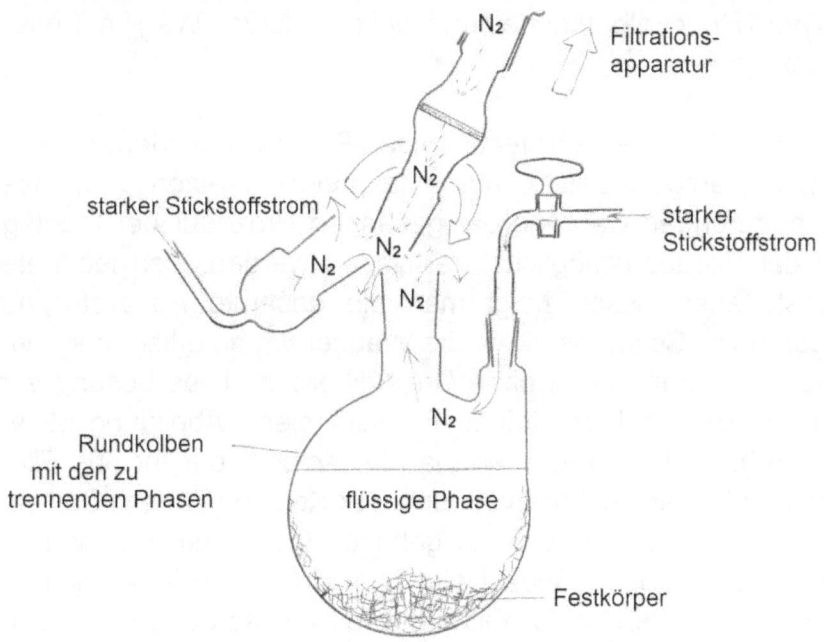

Abbildung 58: Wechsel Filtrationsapparatur unter Stickstoff

übriges Filtrationsmaterial (Glaswatte) soll zur Entgasung heiss sein. Kommt sie nicht direkt aus dem Trockenschrank, so erwärmt man die Fritte auf der Höhe des filtrierenden Materials mit einem Bunsenbrenner auf mindestens 120°C. Das soll langsam und vorsichtig geschehen, da sie sonst zerstört wird. Die nun folgende Entgasung ist auf Seite 94 beschrieben worden.

Die entgaste Filtrationsapparatur entfernt man wie in Abbildung 58 auf Seite 95 gezeigt, vorsichtig und unter starkem Stickstoffstrom, von der die Fritte abschliessenden Hülse und setzt sie auf den Kolben mit den beiden zu trennenden Phasen auf. Da die Filterplatte nur einen schwachen Stickstoffstrom passieren lässt, darf die Filtrationsvorrichtung zwischen der Hülse und dem Rundkolben nur einen möglichst kurzen Weg im "Freien" zurücklegen.

Vor allem bei sehr feinkörnigen Filterrückständen, die sich, einmal aufgewirbelt, nur langsam setzen, müssen Erschütterungen während der gesamten Prozedur der Montage und der Filtration möglichst vermieden werden. Bei geöffneten Stickstoffanschlüssen neigt man die gesamte Apparatur nun langsam zur Seite, bis sie in die Waagerechte zu liegen kommt. Meist wird dann schon ohne Druckdifferenz etwas Lösung vom linken in den rechten Kolben fliessen (siehe Abbildung 59 auf Seite 97). Trotzdem erzeugt man im Kolben, der für das Filtrat bestimmt ist, ein leichtes Vakuum. Der Kolben mit dem Gemisch wird unter Stickstoffüberdruck gehalten (ca. 5 mm Hg mehr als Atmosphärendruck). Sobald die Filtration zum Erliegen kommt, evakuiert man den für das Filtrat bestimmten Kolben wieder leicht. Die gesamte Apparatur muss im Laufe der Filtration allmählich so geneigt werden, dass der Kolben mit dem Filterrückstand oberhalb des Kolbens mit dem Filtrat zu liegen kommt. Auf diese Weise fliesst alle in dem nun oben befindlichen Kolben enthaltene Flüssigkeit in den unteren Kolben.

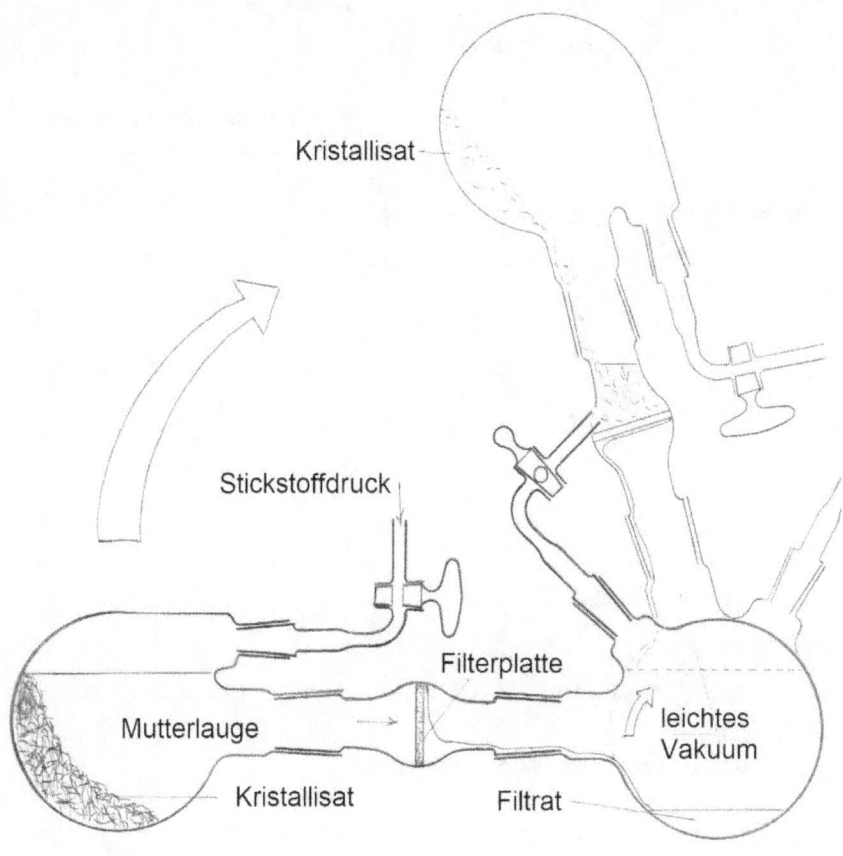

Abbildung 59: Neigen der Apparatur

Die Demontage der Apparatur nach geglückter Filtration erfolgt analog ihrer Montage. Die Fritte muss diesmal jedoch zunächst auf dem Kolben mit dem Filterrückstand verbleiben.

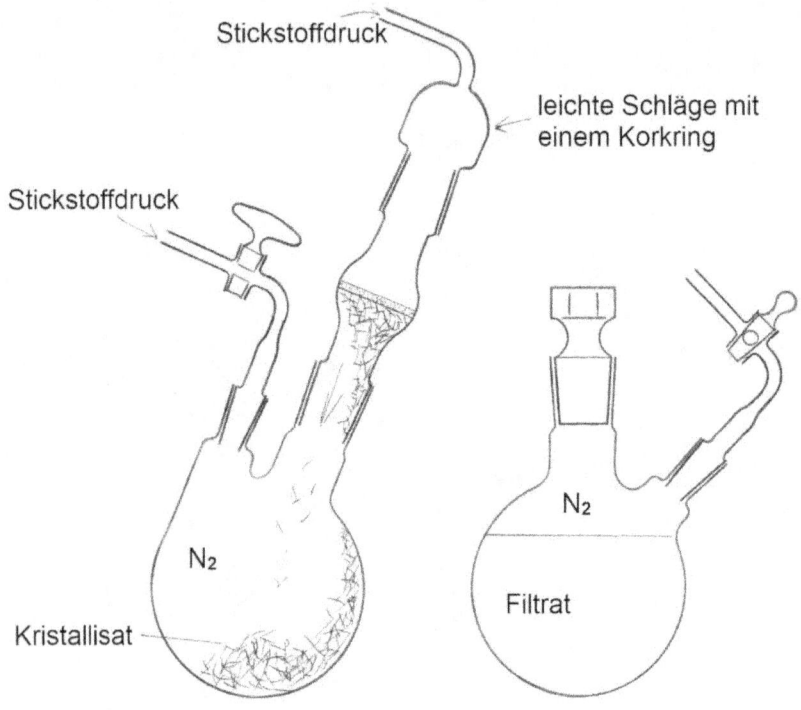

Abbildung 60: Zurückklopfen Kristallisat

Bei Verwendung einer gewöhnlichen Fritte, wie das in Abbildung 58 und Abbildung 59 demonstriert worden ist, kann der noch in derselben zurückgebliebene Festkörper sofort nach der teilweisen Demontage der Filtrationsapparatur in den Kolben zurückgeklopft werden, in dem sich ursprünglich beide Phasen befunden haben (vorsichtig mit Korkring erschüttern!).

Hat man alles Kristallisat in den oben erwähnten Kolben zurückgeklopft, so entfernt man die Fritte und verschliesst auch dieses Gefäss. Im einen Kolben befindet sich nun ausfiltrierter Festkörper (zum Beispiel die Mutterlauge des Kristallisates).

Bei Fritten, die nicht nur der Trennung eines heterogenen Gemisches dienen, sondern auch anfallende Festkörper vorübergehend speichern können, klopft man nach beendeter Filtration das noch im ursprünglichen Kolben verbliebene feste Produkt in die Fritte hinein. Anfänglich erfolgt die Demontage ganz normal. Doch sobald aller Festkörper sich in der Spezialfritte befindet, wird sie wie ein Schlenk mit einem Glasstopfen verschlossen. Das wird auf Seite 40 in Abbildung 18 demonstriert.

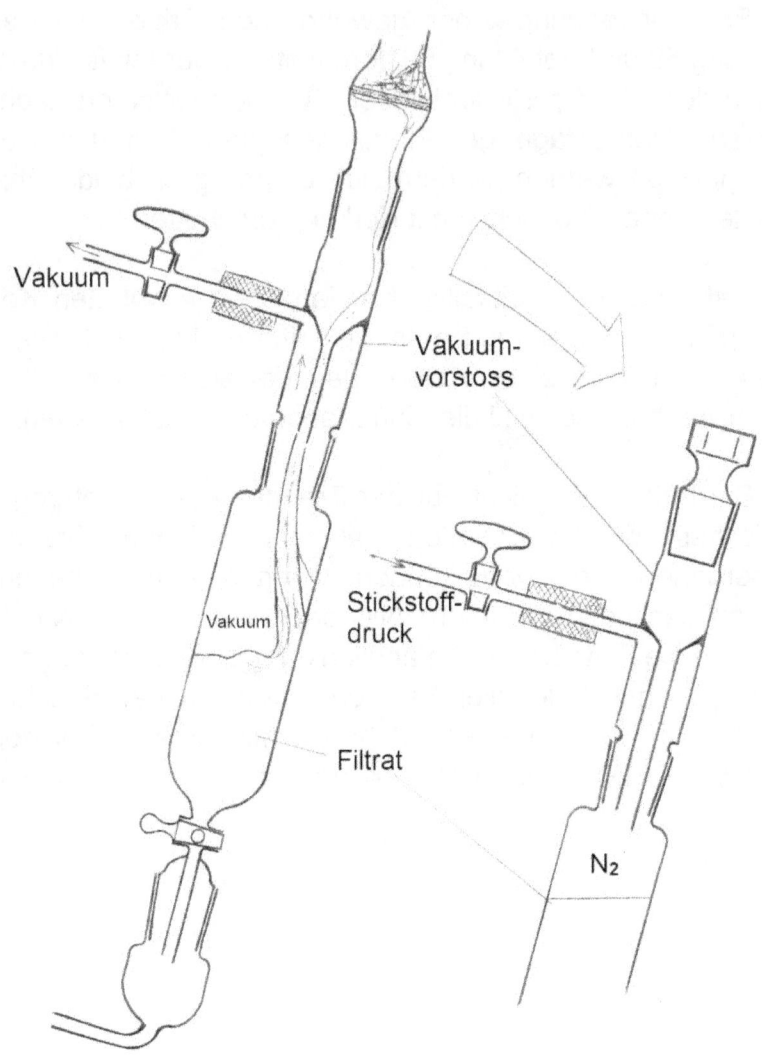

Abbildung 61: Vakuum-Vorstoss

Soll bei einer Filtration das Filtrat direkt in ein Gefäss fliessen, das oben nur eine Öffnung besitzt, so leistet ein gerader Vakuumvorstoss gute Dienste. In Abbildung 61 wird die Anwendung eines solchen Vorstosses anhand eines Tropftrichters gezeigt. Zu beachten ist, dass hier auch im Tropftrichter während der gesamten Operation eine inerte Atmosphäre erhalten bleibt.

Abschliessend zu diesem Abschnitt noch ein paar Worte zu der Rolle, die die Zeit bei den eben beschriebenen Vorgängen spielt: Bei richtiger Wahl der Fritte und einigermassen geschicktem Vorgehen bringt man es meist fertig, 500- bis 1000ml dünnflüssige Lösung innerhalb 5 bis 15 Minuten durch die Fritte zu lassen. Das heisst, dass die Filtrationszeit ohne Vorbereitungszeit in der Regel nicht länger als 15 Minuten dauern sollte. Ausnahmsweise mag eine schwierige Filtration einmal bis zwei Stunden in Anspruch nehmen. Es ist meiner Meinung nach jedoch gerade bei hochempfindlichen Substanzen unbedingt zu vermeiden, sie durch tagelanges "Filtrieren" zu "quälen". Von zwei gleichwertigen Lösungsmitteln ist deshalb stets das dünnflüssigere zu wählen (kürzere Durchflusszeiten → leichtere Filtrationen). Stehen leicht gebauchte Fritten mit einer etwas grösseren Filtrationsfläche zur Verfügung, so sind sie gewöhnlichen Fritten mit vergleichbarem Filtrationsmaterial nach Möglichkeit vorzuziehen. Solche leicht gebauchten Fritten sind auf Seite 38 in Abbildung 17 zu sehen; als Anregung habe ich auch die auf den letzten Seiten gezeigten Apparaturen mit solchen Filterkörpern "ausgestattet".

b. *Umgekehrte Filtration*

Die umgekehrte Filtration kommt vor allem dann in Frage, wenn eine im Festkörper oder Filtrat befindliche Substanz extrem wärmeempfindlich ist oder wenn schon kleinste Mengen an Schlifffett im erhaltenen Filtrat stark störend wirken. Mit Hilfe eines kleinen Rundkolbens, den man über den mit einer Eintauchnutsche versehenen Einsatz stülpt, lässt sich die dazu benötigte Apparatur leicht entgasen.

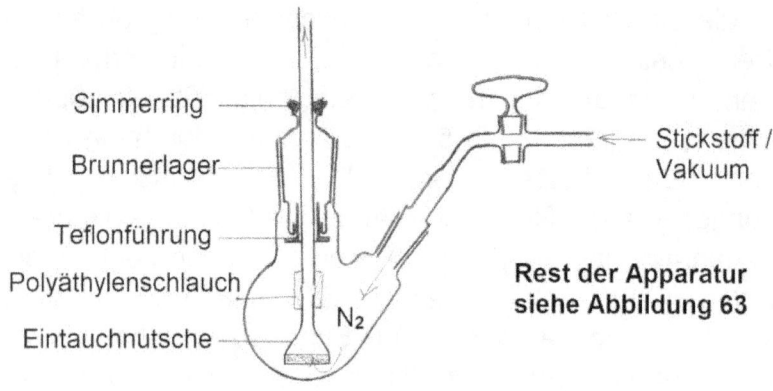

Abbildung 62: Detail Eintauchnutsche

Die Entgasung der Filtrationsapparatur erfolgt in der auf Seite 94 beschriebenen Art.

Sobald die Filtrationsapparatur entgast ist, wird sie mit dem Brunnerlager auf den Kolben mit dem zu trennenden Gemisch aufgesetzt. Dies erfolgt unter starkem Stickstoffstrom in derselben Weise, wie wir das auf Seite 95 (Abbildung 58) beim Zusammensetzen einer Vorrichtung zur direkten Filtration gesehen haben.

Die Eintauchtiefe der Eintauchnutsche lässt sich beim Brunnerlager und dem darin gelagerten Glasrohr (siehe Abbildung 63) regulieren. Das Heben und Senken der Nutsche muss jedoch jedes Mal auch von dem Rundkolben zur Aufnahme des Filtrates mitgemacht werden (Abbildung 63 rechter Kolben).

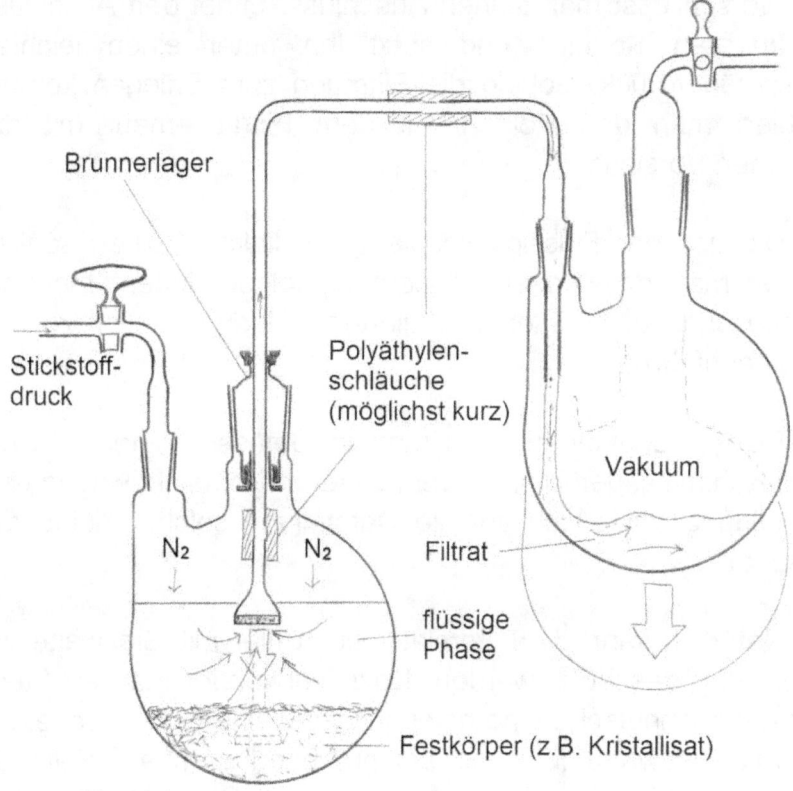

Abbildung 63: Regulierung Eintauchtiefe

Zu Beginn der Filtration soll die Nutsche nur wenig in die Flüssigkeit eingetaucht werden. Auch hier leitet man die Trennung durch Erzeugung eines wohldosierten Druckgefälles ein, indem man den rechten Kolben (Abbildung 63, Seite 103) leicht evakuiert. Der Druck im Kolben mit dem zu trennenden Gemisch darf nicht unter den Aussendruck sinken; er soll deshalb nicht evakuiert werden. Sobald der Kolben für das Filtrat unter Vakuum steht, verschliesst man seinen Anschluss, öffnet den Anschluss des anderen Kolbens und setzt ihn unter einen leichten Stickstoffüberdruck. Sobald die Filtration zum Erliegen kommt, evakuiert man den Kolben mit dem Filtrat erneut mit der gebotenen Vorsicht.

Da sich der Flüssigkeitsspiegel im linken Kolben senken wird, ist man gezwungen, diesem zu folgen, indem man die Nutsche und den rechten evakuierten Kolben von Zeit zu Zeit etwas nachführt.

Beide Rundkolben kann man in Gefässe stellen, die mit einem Kühlmittel gefüllt sind. Der besseren Übersicht wegen wird in Abbildung 63 jedoch auf die Darstellung solcher Kühlbäder verzichtet.

Natürlich kann die Filterplatte auch hier mit Glaswatte vor Verstopfung geschützt werden. Dazu verwendet man an Stelle einer Eintauchnutsche eine gewöhnliche kleine Glasnutsche, die man mit Glaswatte füllt und entsprechend dem auf Seite 93 gesagten sorgfältig nachreinigt (siehe auch Seite 41 Abbildung 20).

Kapitel 15 Dekantieren

Zwei untereinander nicht mischbare oder nicht unbegrenzt mischbare Flüssigkeiten haben die Tendenz, auch wenn sie emulgiert sind, nach einiger Zeit wieder zwei klar unterscheidbare flüssige Phasen auszubilden. Dies gilt nur, wenn keine emulgierend wirkenden Stoffe im Spiel sind. Für die endgültige Trennung zweier oder mehrerer Flüssigkeiten, die verschiedene übereinander liegende Phasen bilden, sind die im Folgenden beschriebenen Dekantiermethoden ausgelegt.

Manche Suspensionen enthalten einen derart feinkörnigen Festkörper, dass er bei einer Filtration auch durch sehr feinporige Fritten hindurchgeht. Solch kleine Festkörper setzen sich meist auch nach längerem Ruhen nie ganz am Boden ab. Immerhin klären sich oft die oberen Regionen solcher Suspensionen relativ rasch auf. Ist man an einer klaren, von Festkörpern befreiten, Lösung interessiert, so bleibt sich in diesen Fällen zu überlegen, ob man es nicht einmal mit dem Dekantieren versuchen soll. Dies, trotzdem es sich um eine Mischungsart handelt, die man normalerweise durch Filtration auftrennt.

Auch bei ähnlich gelagerten Fällen kann sich diese Trennungsart als nützlich erweisen. Ich glaube kaum, dass jemand einige zerbrechliche Kristalle von je 1 bis 2 cm Durchmesser durch Filtration von der sie umgebenden Flüssigkeit befreien will.

a. *Abgiessen der oberen Flüssigkeit*

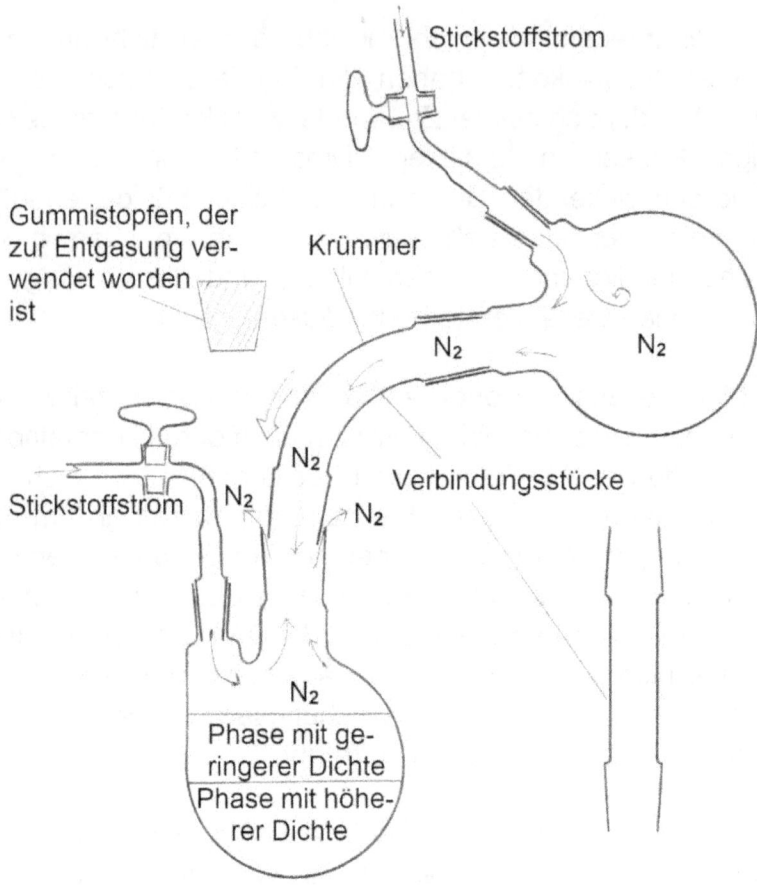

Abbildung 64: Dekantieren: Verbindungsstücke

Der die zu trennenden Phasen enthaltende Rundkolben wird über ein Verbindungsstück mit einem zweiten verbunden, den man zuvor entgast hat. Dies geschieht unter Stickstoffstrom. Für

Flüssigkeiten eignet sich als Verbindungsstück meist ein Krümmer am ehesten. Da diese Verbindung nur kurze Zeit erhalten bleibt, und da in dieser Zeit stets ein Stickstoffüberdruck in beiden Kolben herrscht, kann zumindest zwischen dem Krümmer und dem die zu trennenden Flüssigkeiten enthaltenden Kolben auf Schlifffett verzichtet werden.

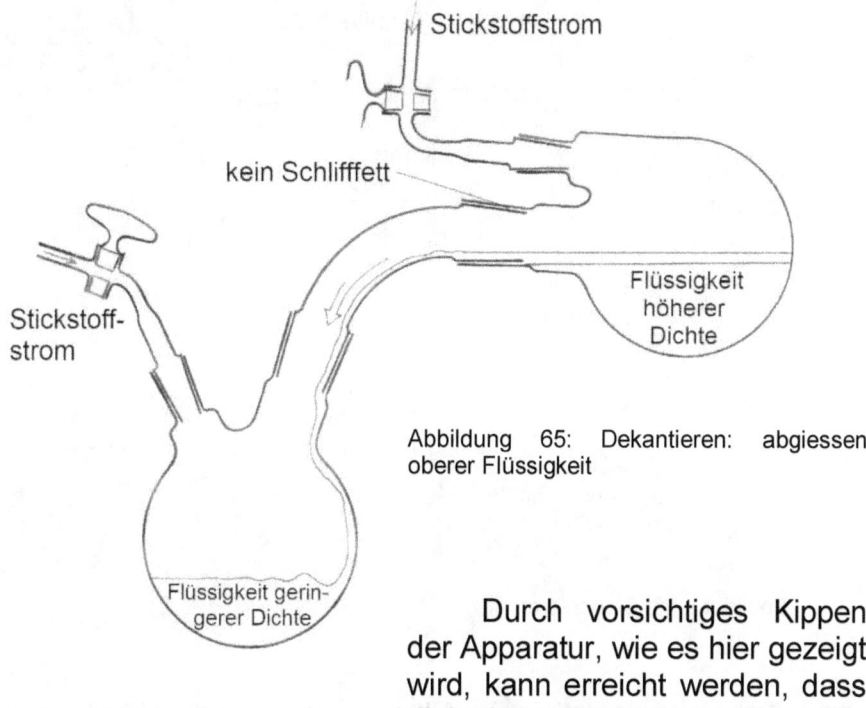

Abbildung 65: Dekantieren: abgiessen oberer Flüssigkeit

Durch vorsichtiges Kippen der Apparatur, wie es hier gezeigt wird, kann erreicht werden, dass diejenige Flüssigkeit mit der geringeren Dichte in den hier links unten abgebildeten Rundkolben abfliesst, während die Flüssigkeit mit der höheren Dichte im ursprünglichen Kolben zurückbleibt.

b. *Siphonieren einer Flüssigkeit*

Man denke sich bei einer Apparatur für die umgekehrte Filtration die Eintauchnutsche weg und schon erhält man eine Vorrichtung zum Siphonieren einer Flüssigkeit.

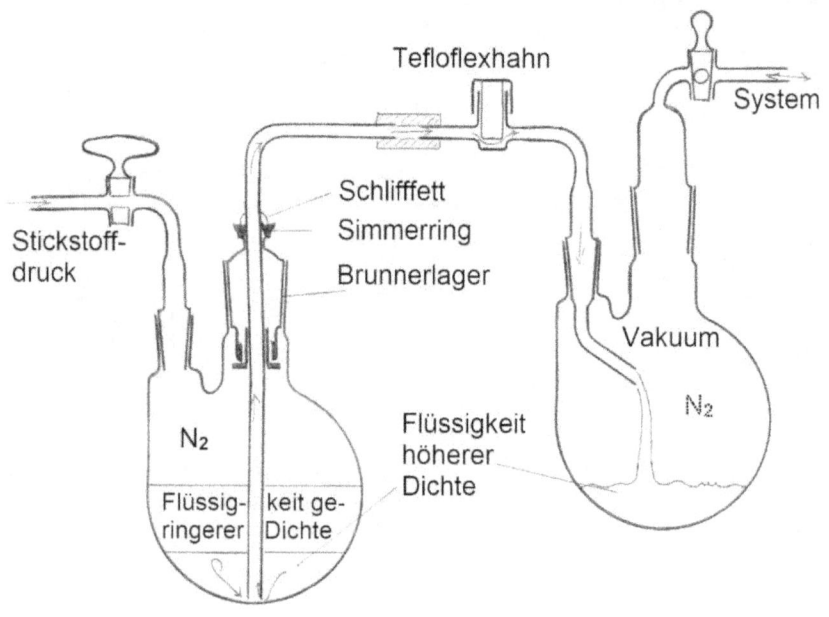

Abbildung 66: Siphonieren

Siphoniert wird diejenige Flüssigkeit, in die die Mündung des ansaugenden Glasrohrs hineinragt. Um den Dekantiervorgang unter Kontrolle zu behalten empfehle ich den Einbau eines Tefloflexhahns in die Flüssigkeitsbrücke.

Für die Montage und Demontage der Siphonierapparatur gilt dasselbe, das auf Seite 93 schon für den Zusammenbau von Filtrationsanlagen gesagt wird.

c. *Dekantieren mittels Tropftrichter*

Eine sehr bequeme Methode, unter Stickstoff zwei ineinander nicht mischbare Flüssigkeiten zu trennen, kann unter Verwendung eines Tropftrichters verwirklicht werden (siehe Abbildung 67 auf Seite 111). Die beiden sehr sauber zu trennenden Flüssigkeiten bringt man in einen Tropftrichter. Nun entlässt man die untere Flüssigkeit über den Tropftrichterhahn in ein unter Stickstoff stehendes Gefäss. Unter Stickstoffstrom entfernt man dieses Gefäss mit der unteren Flüssigkeit und verschliesst es mit einem Glasstopfen. Die Übergangszone von einer Phase zur anderen kann man in ein Reagenzglas ablassen. Nun montiert man einen neuen Rundkolben unter den Tropftrichter und entgast ihn. In diesem zweiten Kolben lässt man die noch im Tropftrichter verbliebene Flüssigkeit.

Als Resultat sind beide Phasen auf verschiedene Gefässe verteilt.

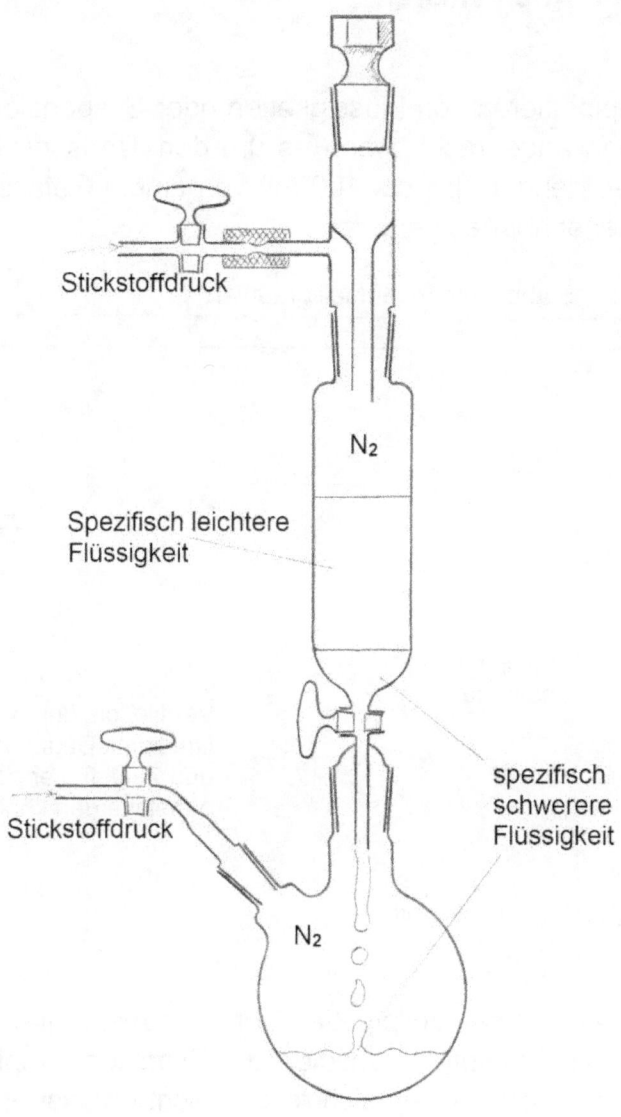

Abbildung 67: Trennung von Flüssigkeiten mit Tropftrichter

Kapitel 16 Abpipettieren

Das Abpipettieren von Flüssigkeiten oder Suspensionen ist vor allem dann angebracht, wenn es um den Transport kleiner aber dosierter Mengen (bis ca. 100 ml) von einem Gefäss in ein unmittelbar benachbartes geht.

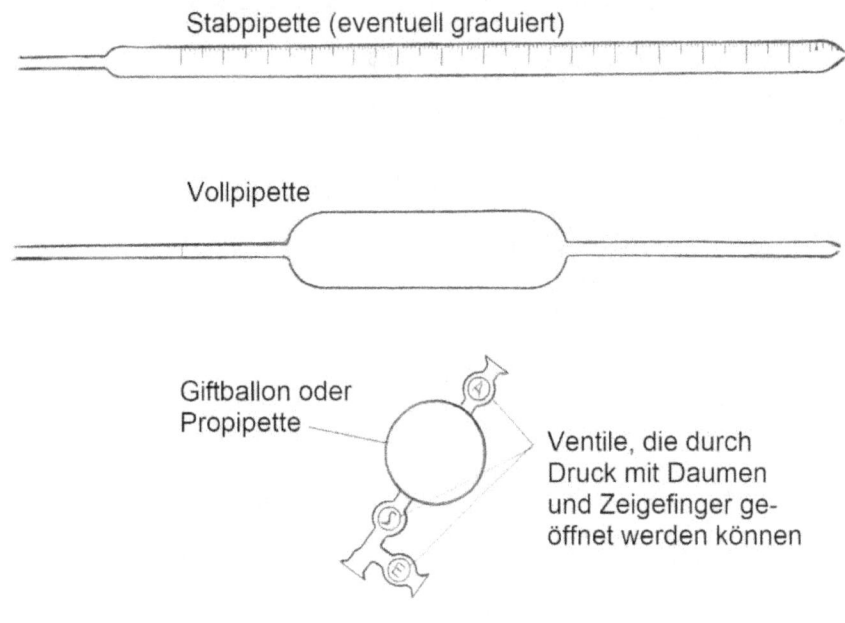

Abbildung 68: Pipettier-Hilfsmittel

Man unterscheidet Vollpipetten von den meist graduierten Stabpipetten. Als Sauginstrument dient der Giftballon (Propipette). Pipette und Propipette lassen sich relativ leicht entgasen, indem man die Pipette in ein stickstoffdurchspültes Gefäss stellt und dann damit beginnt, den an ihrem oberen Ende befestigten

Saugballon jeweils über Ventil A zu entleeren und über Ventil S aufzufüllen. Dieser Vorgang wiederholt sich pro 10 ml, die die Pipette fasst, mindestens einmal. 10ml-Pipetten erfordern also ein einmaliges, 25ml-Pipetten ein dreimaliges Pumpen und so weiter.

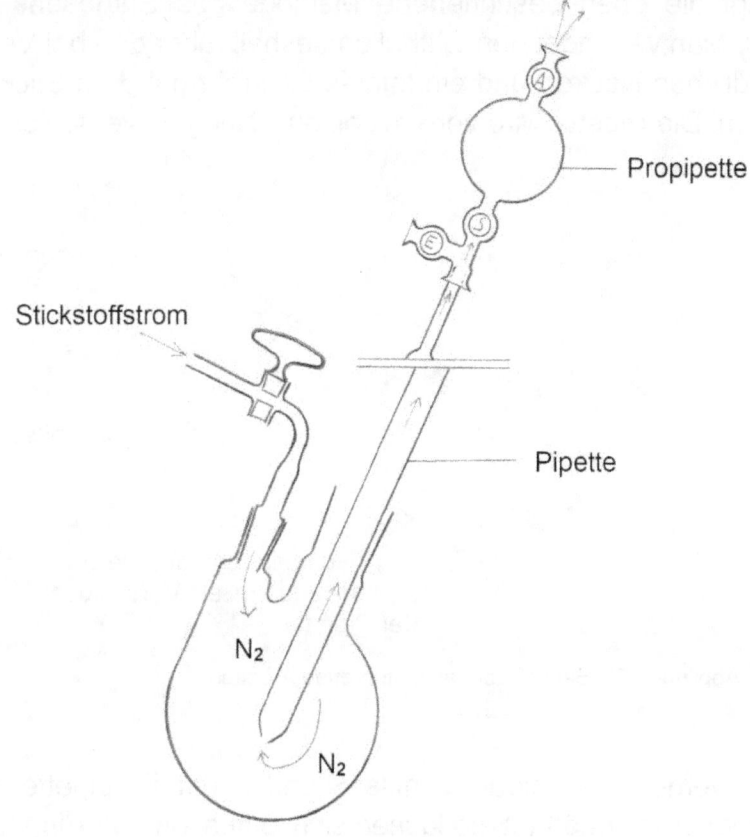

Abbildung 69: Arbeiten mit Pipette und Propipette

Da die Propipette normalerweise ca. 50 ml Gas pro Pumpvorgang befördert, wird auf diese Weise die daran befindliche Pipette mit ihrem fünffachen Volumen an Stickstoff gespült.

Bei Arbeiten, die sehr sauber ausgeführt werden sollen, genügt die eben beschriebene Methode des Entgasens nicht mehr. Man verbindet den Giftballon deshalb über den bei Ventil E befindlichen Nocken und ein kurzes Glasrohr mit dem Stickstoffsystem. Die Pipette wird vorn mit einem "Nuggi[22]" verschlossen.

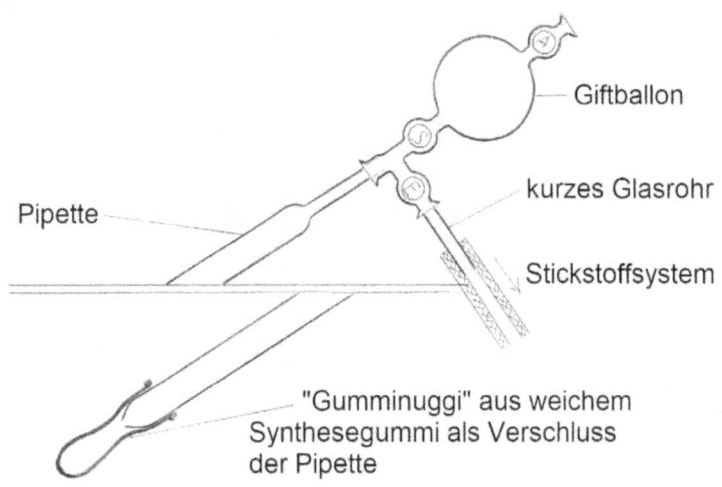

Abbildung 70: Sehr sauber auszuführende Arbeiten

Werden die beiden Ventile S und E der Propipette durch Daumendruck geöffnet, so lassen sich Giftballon und Pipette nun wie jeder andere abgeschlossene Hohlkörper entgasen, indem man abwechslungsweise evakuiert und Stickstoff gibt.

---

[22] Anm. d. Hg: Nuggi ist der schweizerische Ausdruck für Schnuller. Wenn man sich die Form des Verschlussgummis anschaut, leuchtet der Begriff unmittelbar ein.

Entfernt man den Nuggi von der entgasten Pipette, so lässt man so lange Stickstoff durch ihre Mündung ausströmen, indem man auf Ventil E drückt, bis sich der untere Teil dieser Pipette in einem stickstoffdurchspülten Gefäss befindet.

Es wird Flüssigkeit in die Pipette aufgenommen, indem man den Ballon über Ventil E entleert (Vakuum) und danach durch Öffnen des Ventils S eine Saugwirkung erzielt. Über Ventil A oder E darf nie Luft eindringen! Will man die Pipette in einem neuen Gefäss entleeren, so geschieht das entweder durch einen über Ventil E geleiteten Stickstoffstrom oder mit Hilfe des im Ballon befindlichen Stickstoffes. Ist die Propipette[23] nicht am Stickstoffsystem angeschlossen und befindet sich zu wenig Stickstoff für die Entleerung einer Pipette im Ballon, so kann vorsichtig über die mit Flüssigkeit gefüllte Pipette Stickstoff angesogen werden. Der Stickstoff muss dann also durch diese Flüssigkeit hindurchperlen.

Auch hier soll der Weg, den die Pipette im Freien, zwischen dem Gefäss aus welchem Flüssigkeit entnommen wird und demjenigen in das diese Flüssigkeit gelangen soll, möglichst kurz sein. Ihre Mündung sollte sich möglichst nicht aus dem mit Stickstoff umspülten Bereich hinausbewegen.

---

[23] Anm. d, Hg: Es gibt Künstler, die Pipetten prinzipiell mit dem Mund ansaugen wollen. Spätestens hier sollte jedem klar sein, dass das unter Stickstoff einfach nicht möglich ist. Selbst unter "normalen" Umständen ist es keine gute Idee: bei der ersten ungewollten Mundspülung mit einer Lauge oder Säure wird das jeder Praktiker schnell einsehen.

Kapitel 17 Umfüllen

a. *Transport von einem Schliffgefäss in ein anderes*

Flüssigkeiten und Festkörper können über gerade oder krumme, mit Schliffen bewehrte, Verbindungsstücke von einem Gefäss in ein anderes transportiert werden.

Das noch leere Gefäss wird zusammen mit einem solchen Verbindungsstück, das auf der einen Seite mit einem Gummistopfen oder einer Schliffhülse verschlossen ist und dessen anderes Ende man mit dem Gefäss verbindet, entgast. Unter Stickstoffstrom verbindet man dann diesen Teil mit einem Kolben, der die umzufüllende Substanz enthält und erhält damit die schon auf den Seiten 106 und 107 in "Abbildung 64: Dekantieren: Verbindungsstücke" und "Abbildung 65: Dekantieren: abgiessen oberer Flüssigkeit" gezeigte Apparatur.

Befinden sich grosse Flüssigkeitsmengen im ursprünglichen Behälter, so kann es beim Umfüllen durch blosses Kippen der gesamten Apparatur Schwierigkeiten geben, weil die Gefahr besteht, dass Flüssigkeit über einen der geöffneten Anschlüsse in das Stickstoffsystem ausläuft. In diesem Fall gebe man einem Krümmer[24] den Vorzug. Sind nun zwei grössere Gefässe über ein krummes Verbindungsstück miteinander verbunden, so können zur Entleerung oder teilweisen Entleerung des einen in das andere, die beiden Schliffverbindungen zwischen Gefässen und

---

[24] Krummes Verbindungsstück.

Verbindungsstück als Drehlager dienen (siehe "Abbildung 71: Krümmer als Drehlager").

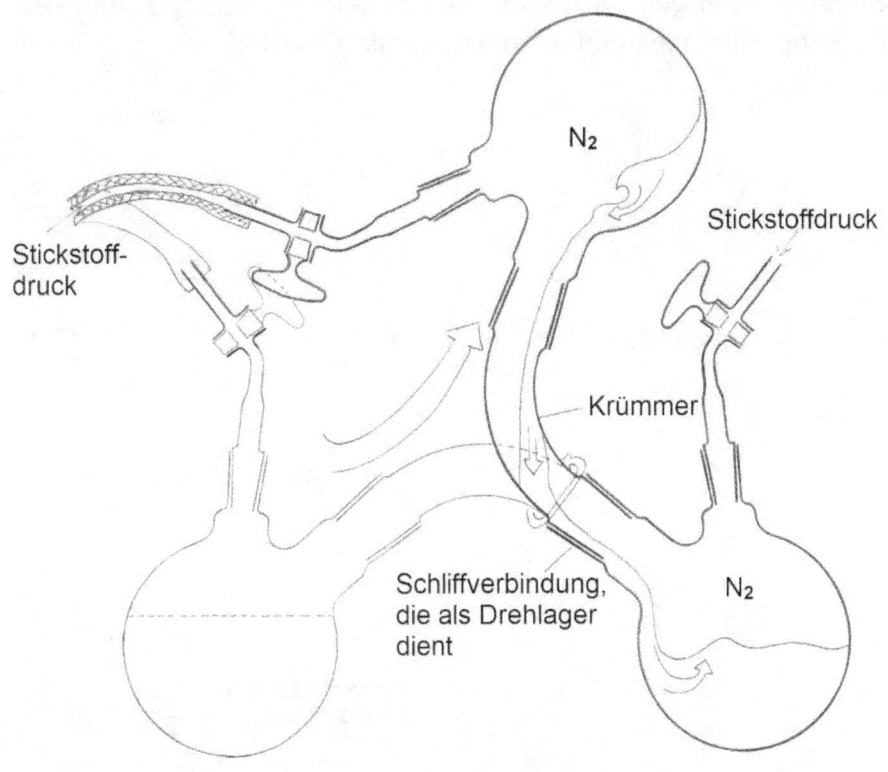

Abbildung 71: Krümmer als Drehlager

Hier muss zumindest das als Drehlager dienende Schliffpaar mit Schlifffett versehen sein.

Anders als bei Flüssigkeiten ist für das Umfüllen oder Zugeben empfindlicher Festkörper meist ein gerades

Verbindungsstück idealer. Bleibt an der Wandung des zu entleerenden Gefässes oder im Zwischenstück noch etwas feste Substanz hängen, so kann durch leichte Schläge mit dem Korkring an dieses Gefäss nachgeholfen werden.

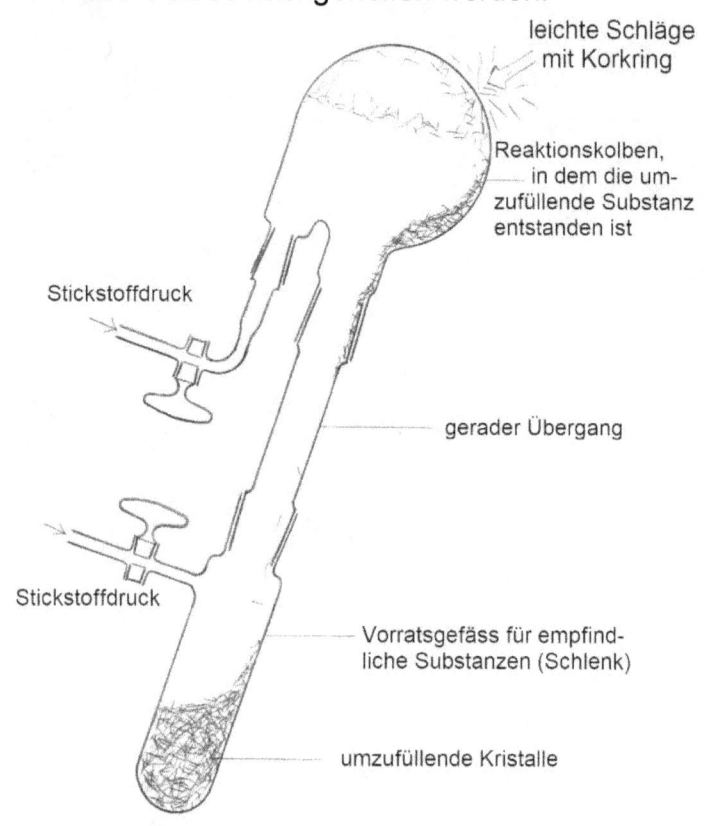

Abbildung 72: Umfüllen empfindlicher Festkörper

Über das Lockern und Ablösen von festen Substanzen an der Innenfläche von Gefässen beachte man auch das auf den

Seiten 50 und 51 gesagte (siehe auch Abbildung 29: Lösen der Kristalle vom Gefäss)[25].

Eine weitere Möglichkeit besteht im Übergiessen von Substanzen mittels Kegel. Bei flüssigen Stoffen eignen sich Kegel mit gebogenem Nocken.

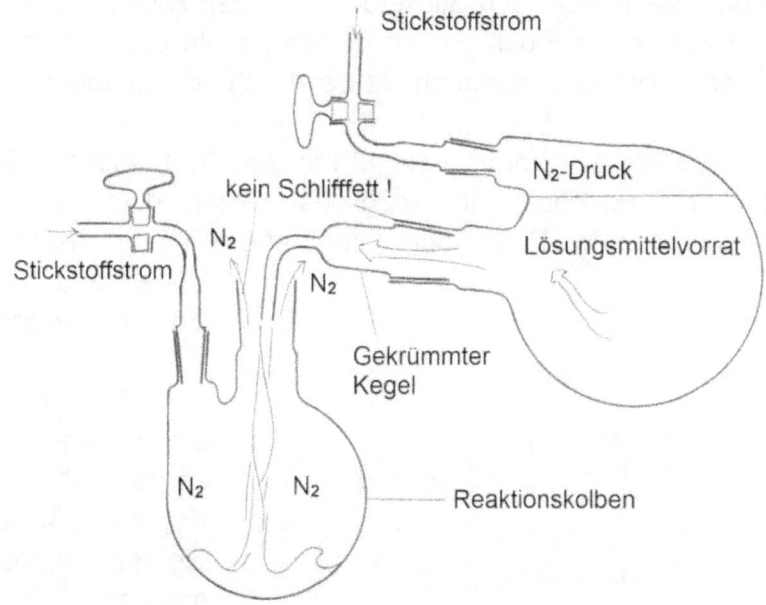

Abbildung 73: Arbeiten mit gekrümmtem Kegel

Unter Stickstoffstrom öffnet man zunächst beide Gefässe und befreit ihre Mündungen von Schlifffett. Auf das Gefäss, das Flüssigkeit enthält, setzt man unter Verzicht auf Schlifffett einen gekrümmten Kegel. Man lässt einige Zeit Stickstoff durch den

---

[25] Anm. d. Hg: Ein allenfalls vorhandener Rührmagnet lässt sich mit einem Magneten ausserhalb des Reaktionskolbens festhalten.

Kegel fliessen, damit er gut entgast wird. Ist es soweit, so taucht man seine Mündung in die Öffnung des zweiten Gefässes aus dem ebenfalls Stickstoff strömt. Erst jetzt darf man das Gefäss mit der Flüssigkeit soweit kippen, dass diese über den Kegel auszufliessen beginnt. Die Mündung des Kegels darf erst dann wieder aus der Öffnung des zweiten Gefässes herausgehoben werden, wenn nur noch Stickstoff durch den Kegel fliesst. Weder Festkörper noch Flüssigkeiten dürfen jemals Luftkontakt haben. Das bedeutet, dass sie auch nie frei durch die Luft fallen dürfen.

Festkörper erfordern Kegel mit geradem Nocken, die eine weite Öffnung haben und möglichst kurz sind, damit sie dem hindurchfallenden Pulver oder Granulat einen möglichst kleinen Widerstand Entgegenbringen.

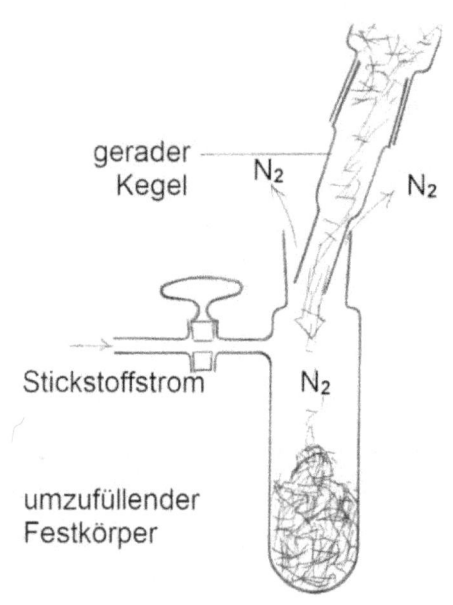

Füllt man auf diese Weise Festkörper über einen Kegel in ein anderes Gefäss um, so muss meistens kräftig durch Schläge an das obere Gefäss mittels Korkring nachgeholfen werden.

Abbildung 74: Gerader Kegel

b. Abfüllen von Ampullen

Einfache Ampullen können leicht aus Reagenzgläsern[26] hergestellt werden, die man in der in Abbildung 75 gezeigten schraffierten Zone mittels Gebläse erhitzt und dann vorsichtig auf die gewünschte Länge auszieht.

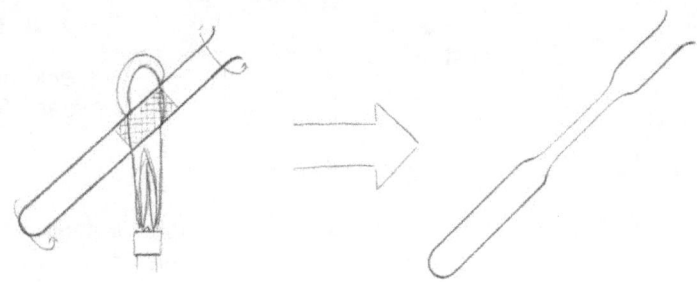

Reagenzglas (L = ca. 10 cm)   →   Ampulle (L = ca. 13 cm)

Abbildung 75: Einfache Ampullen fertigen

Der Hals der Ampulle soll vor allem dann, wenn sie für pulverförmige Substanzen bestimmt ist, nicht allzu dünn und lang geraten.

Zur Reinigung lässt man sie während 24 Stunden in Putzsäure[27] liegen. Danach spült man gut mit Wasser aus. Getrocknet werden sie, indem man sie noch mit etwas Aceton

---

[26] Anm. d. Hg: Ich habe mir erlaubt, das heute üblichere Wort "Reagenzglas" zu verwenden. Das vom Verfasser ursprünglich benutzte Wort "Reagensglas" wird in der dänischen Sprache nach wie vor genutzt.

[27] = "Chromschwefelsäure" = 40g $Na_2Cr_2O_7$, 100ml H_2O, 1000ml H_2SO_4 98%ig

oder destilliertem Wasser nachspült und im Trockenschrank für einige Zeit auf eine Temperatur von ca. 120°C bringt. Es ist günstig, wenn man die Ampullen noch heiss in Schlenks entgast.

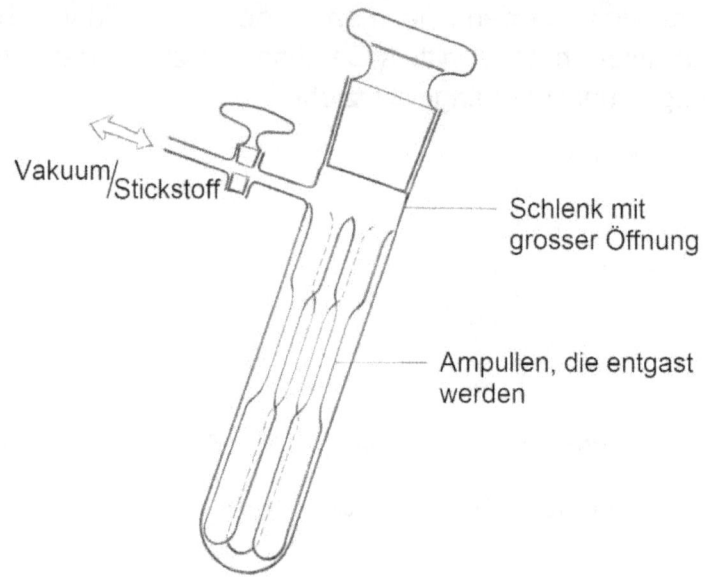

Abbildung 76: Entgasung von Ampullen

Diese gereinigten und entgasten Ampullen können nun mit empfindlichen Substanzen gefüllt werden. Bei Flüssigkeiten oder Lösungen fester Stoffe ist das einfach, da Injektionsspritzen zur Anwendung gelangen können.

Injektionsspritzen werden entgast, indem man sie mit Stickstoff aus einem stickstoffdurchspülten Gefäss füllt und in die umgebende Luft hinaus wieder entleert. Die Kanüle muss sich zu diesem Zeitpunkt bereits an der Spritze befinden. Das Ganze wiederholt sich mindestens zehn Mal. Für die Entgasung von

Kolbenpipetten gilt übrigens dasselbe, wie das hier für Injektionsspritzen gesagte.

Mit der entgasten Spritze nimmt man Flüssigkeit aus dem Vorratsgefäss auf und bringt sodann die Spitze der Kanüle auf dem kürzesten Weg in das die entgasten Ampullen enthaltende Gefäss. Man füllt den unteren Teil jeder Ampulle zu ca. 2/3 und achtet darauf, dass man die Innenwand des Ampullenhalses möglichst nicht benetzt.

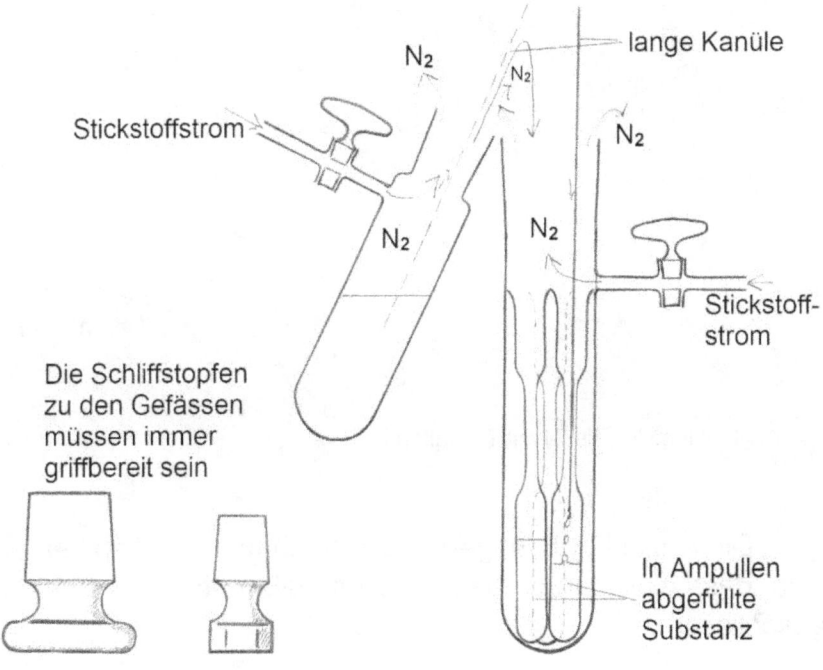

Abbildung 77: Füllen der Ampullen

Das Abfüllen fester Stoffe in Ampullen ist etwas umständlicher als das, was wir jetzt für Flüssigkeiten gesehen haben. Unter Stickstoffstrom setzt man zunächst einen mit Teflonband umwickelten, möglichst breithalsigen Kegel auf das Gefäss, das den abzufüllenden Festkörper enthält: Man lässt diesen Kegel kurze Zeit mit Stickstoff durchspülen.

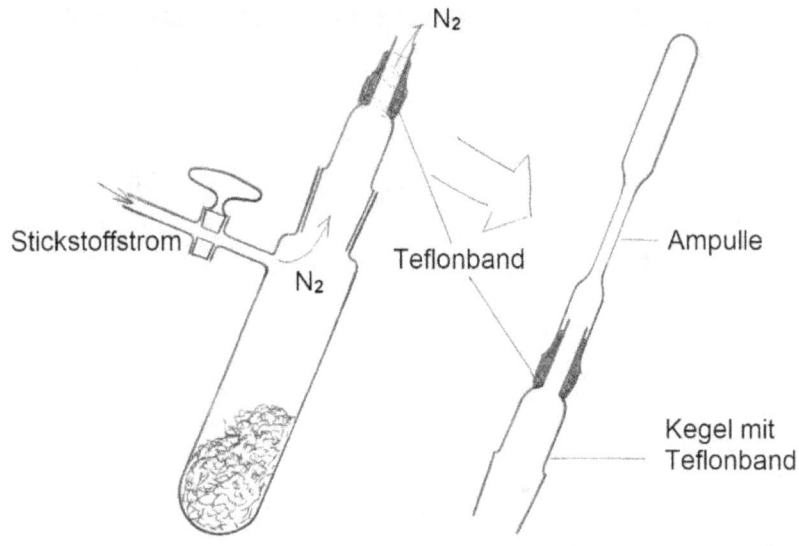

Abbildung 78: Kegel mit Teflonband

Die Anzahl Windungen des Teflonbandes soll so bemessen sein, dass eine darübergestülpte Ampulle nach aussen hin dicht abschliesst.

Den Schlenk mit den Ampullen spannt man nun waagrecht in eine Klammer ein. Eine der Ampullen wird etwas nach vorn gezogen und gleichzeitig nähert man sich mit dem nun ebenfalls waagrecht gehaltenen Gefäss ihrer Öffnung.

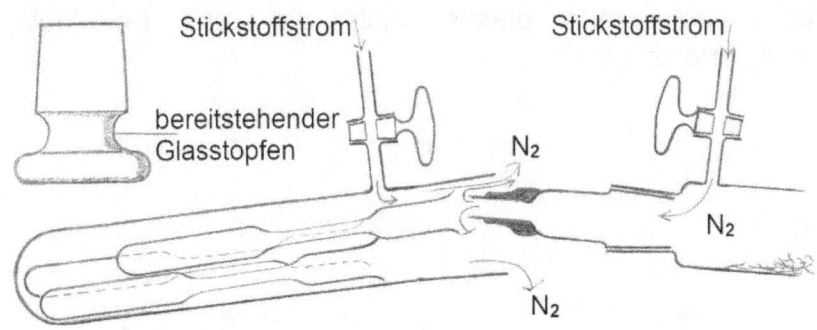

Abbildung 79: Koppeln der beiden Gefässe

Unter Stickstoffstrom stülpt man die Ampulle vorsichtig über die teflonbewehrte Mündung des Kegels und zieht sie aus dem Gefäss, in dem sie entgast worden ist, heraus. Man kippt das ganze Gebilde bis Substanz in die Ampulle zu rollen beginnt. Mit einem Korkring kann man auch hier leichte Erschütterungen des Gefässes hervorrufen. Da die am Kegel hängende Ampulle jedoch ziemlich empfindlich ist, sei dabei Vorsicht geboten.

Ist die Ampulle zu 2/3 mit Substanz gefüllt, so bringt man sie zusammen mit dem Vorratsgefäss wieder in die Waagrechte zurück. Man sorgt durch geeignete Erschütterungen dafür, dass sich keine Substanz mehr im Kegel befindet und schiebt die nun gefüllte Ampulle wieder in das Gefäss zurück, in dem man sie entgast hat. Der Schlenk mit den Ampullen ist jetzt leicht geneigt, damit die losgelöste Ampulle automatisch hineinrutscht. Sobald man die Ampulle losgelöst hat und sie in den Schlenk zurückrutscht, verschliesst man für kurze Zeit die Mündung des Kegels, der auf dem Vorratsgefäss steckt, mit dem Zeigefinger. Die noch im Kegel hängengebliebene Substanz fällt in das Gefäss zurück, wenn man dieses leicht auf eine bereitgelegte Gummiplatte schlägt.

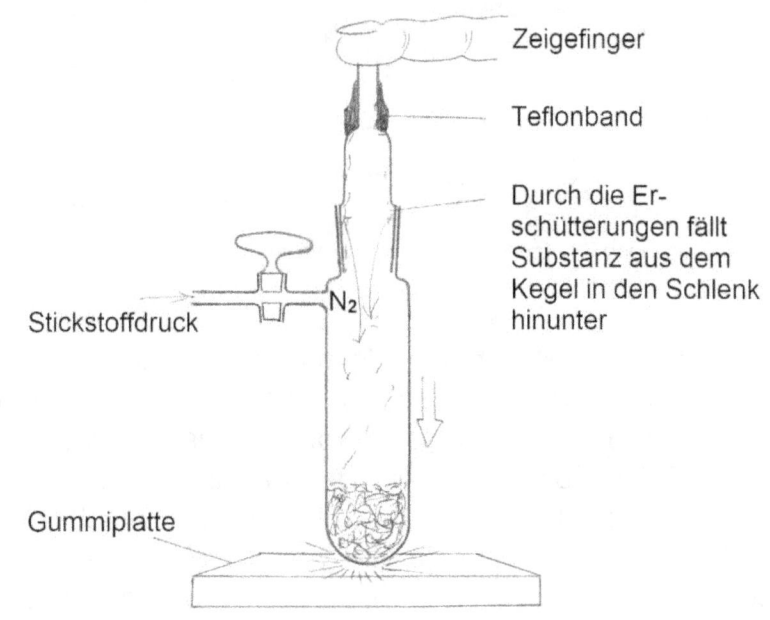

Abbildung 80: Hilfsmittel Zeigefinger

Um Hauterkrankungen zu vermeiden schützt man bei diesem Vorgang entweder die Hände mittels Chirurgenhandschuhen oder aber man wäscht sie sobald man den Zeigefinger wieder von der Öffnung des Vorratsgefässes wegnehmen kann. Der ungeschützte Zeigefinger dient sowieso nur für wenige Sekunden als Verschluss, da die Haut immer etwas

Feuchtigkeit absondert, welche die empfindlichen Substanzen im Innern des Schlenks gefährden könnte.

Sind alle Ampullen, die sich zusammen in einem Schlenk befinden, mit Substanz gefüllt, so kann damit begonnen werden, sie zu verschliessen. Wenn möglich verschliesst man das Gefäss mit den Ampullen, um es zu entgasen. Damit kann eventuell in die Ampullen geratener Sauerstoff wieder entfernt werden. Falls das Vorratsgefäss noch Substanz enthält und man es nicht mehr benötigt, wird auch dieses entgast, bevor man es in den Schrank zurückstellt.

Das Gefäss mit den Ampullen öffnet man nun erneut unter starkem Stickstoffstrom. Mittels Pinzette setzt man vorsichtig einen passenden Gummistopfen auf eine der Ampullen und drückt ihn fest. Die so verschlossene Ampulle holt man aus dem Schlenk, auf den man sofort wieder einen Glasstopfen setzt, heraus. Falls die darin befindliche Substanz aus einem Festkörper besteht, klopft man mit ihrem Boden vorsichtig ein paar Mal auf eine bereitgelegte Gummiplatte. Dabei sollte eventuell im Ampullenhals hängengebliebene Substanz in den unteren Teil hinunter fallen.

Vorsichtig entfernt man nun den Gummistopfen und setzt an seine Stelle den Zeigefinger. Man beginnt unter Drehen der Ampulle sofort an der in Abbildung 81 auf Seite 128 schraffiert dargestellten Stelle mittels Bunsenbrenner oder Gebläse zu erhitzen. Sobald der Ampullenhals zu erweichen beginnt, zieht man die Ampulle vorsichtig auseinander. Dadurch verdünnt sich der Hals immer mehr, bis er sich schliesst. In der Flamme teilt sich die Ampulle nun automatisch in zwei Teile. Bei demjenigen Teil, der die eigentliche Ampulle darstellt, schmilzt man den vorderen Glasfaden zu einer kleinen Kugel zusammen.

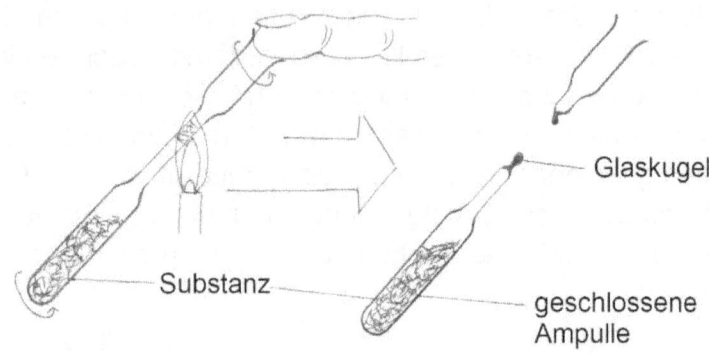

Abbildung 81: Verschliessen der Ampulle

Diese Operation gelingt nicht immer auf Anhieb. Bevor man sich an hochempfindliche Substanzen heranmacht, versuche man deshalb zuerst ein paar Mal an leeren Ampullen oder solchen, die Kochsalz enthalten, sie zu schliessen. Bei explosiven Substanzen ist höchste Vorsicht geboten – am besten verzichtet man da auf Ampullen.

Kennt man das Gewicht der ursprünglichen Ampulle (tarierte Ampullen) so lässt sich nun leicht ihr eingeschmolzener Inhalt bestimmen, indem man beide Teile der geschlossenen Ampulle noch einmal wägt.

Ampullen sehen alle ungefähr gleich aus. Die verschlossene und abgewogene Ampulle soll deshalb möglichst bald mit einer Etikette versehen werden.

c. *Öffnen und entleeren von Ampullen*

Ampullen, die empfindliche Substanzen enthalten, können in mit Stickstoff durchspülte Gefässe entleert werden.

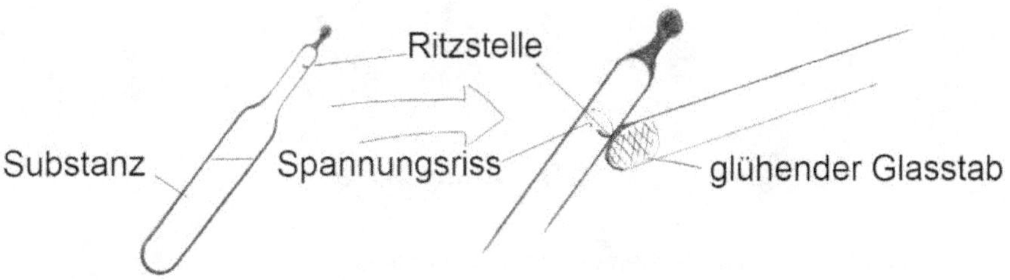

Abbildung 82: Öffnen der Ampulle

An der in Abbildung 82 gezeigten Stelle ritzt man den Ampullenhals mittels Diamant oder Hartstahlstift etwas an. Einen glühenden Glasstab presst man nun halb auf diese Ritzstelle und halb daneben, so, dass die halbe Ritzstelle noch unter dem Glasstab hervorschaut. Ein leises Klicken zeigt an, dass die Ampulle gesprengt worden ist. Rund um den Ampullenhals ist nun ein feiner Spannungsriss sichtbar.

Den oberen Teil des Ampullenhalses bricht man erst ab, wenn sich dieser in einem Stickstoffstrom befindet (siehe "Abbildung 83: Abbrechen des Ampullenhalses").

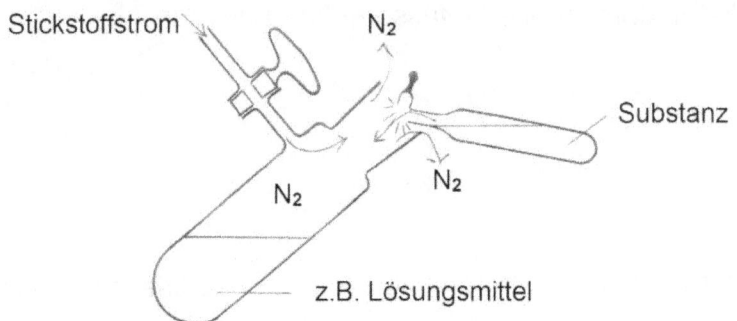

Abbildung 83: Abbrechen des Ampullenhalses

Nun lässt sich ihr Inhalt ohne Luftkontakt in das unter Stickstoff stehende Gefäss schütten.

Vorsicht bei explosiven Substanzen !

d. *NMR-Röhrchen und Cuvetten*

Es ist um einiges einfacher, Flüssigkeiten in NMR-Röhrchen oder Cuvetten[28] abzufüllen als Festkörper. Man verfährt dabei genau gleich, wie das auf Seite 123 für das Abfüllen von Flüssigkeiten in Ampullen gezeigt worden ist. Man soll deshalb die benötigten Lösungen wenn irgendwie möglich in kleinen Schlenks vorbereiten und sie dann mit Injektionsspritzen in die entsprechende Cuvette oder ins NMR-Röhrchen bringen.

---

[28] Anm. d. Hg: Auch im deutschsprachigen Teil der Schweiz ist der Gebrauch der französischen Form für Küvette üblich.

Kapitel 18 Arbeiten im Autoklaven

Die Möglichkeit, auch im Autoklaven unter Ausschluss von Luftsauerstoff zu arbeiten, soll hier nur ganz kurz angetönt werden.

Der Autoklav kann wie jedes andere Gefäss entgast werden, solange seine grosse Öffnung verschlossen bleibt. Es ist oft am einfachsten, diesen mittels Gummistopfen zu verschliessen.

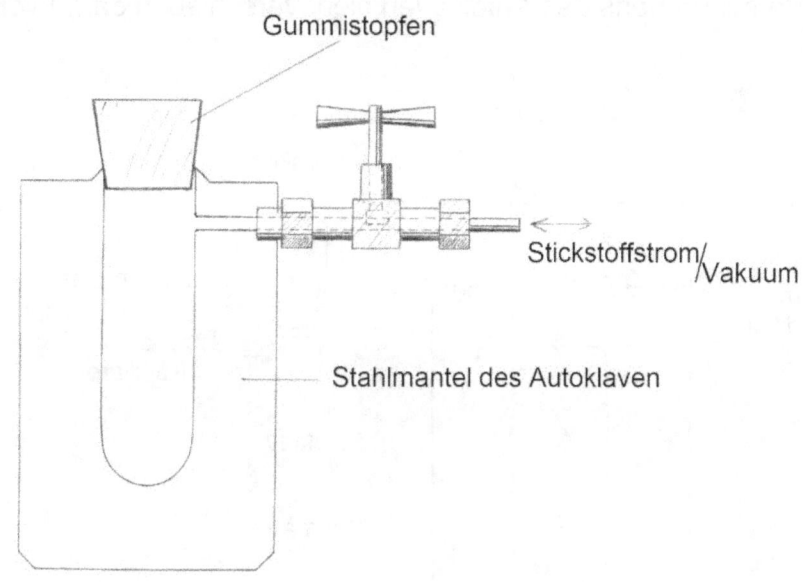

Abbildung 84: Autoklav mit Gummistopfen

Der entgaste Autoklav lässt sich unter starkem Stickstoffstrom öffnen und mit Substanzen beschicken. Es ist besonders einfach, Ampullen in den Autoklaven zu entleeren. Flüssigkeiten,

Lösungen und Suspensionen lassen sich mit Pipetten und Injektionsspritzen (Nadeln mit grossem Durchmesser!) in den Autoklaven bringen. Ebenso können sie nach beendeter Reaktion wieder aus diesem heraus in ein anderes Gefäss befördert werden. Flüssigkeiten lassen sich ausserdem mit entsprechenden Vorrichtungen aus dem Stahlgefäss heraussiphonieren.

Will man Autoklaven unter Stickstoffstrom verschliessen, so muss folgendes beachtet werden: Bei einigen Modellen legt man eine Weichmetalldichtung auf die Öffnung, die sich während des Verschraubens des Autoklaven nicht verschieben darf. In diesem

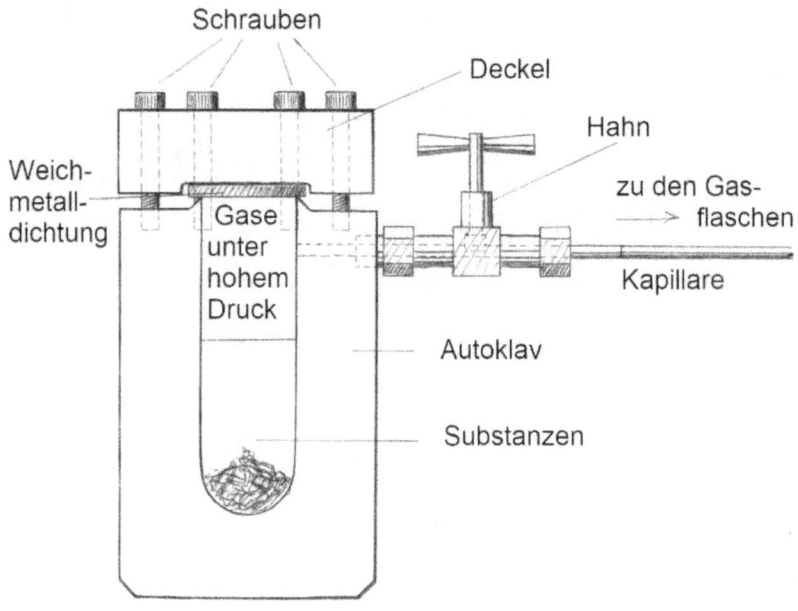

Abbildung 85: Autoklav mit Weichmetalldichtung

Fall muss man den Stickstoffstrom durch den Autoklaven kurz unterbrechen, bis alle Schrauben des Verschlusses oder das im Deckel befindliche Gewinde eingerastet sind. Unter erneutem Stickstoffstrom kann der Autoklav nun ganz verschlossen werden.

Sitzt der Deckel fest, so kann der in Abbildung 84 und Abbildung 85 gezeigte Hahn des Autoklaven verschlossen und vom Stickstoffsystem abgetrennt werden. Das Übrige geschieht im Autoklavenraum. Wie bei allen Systemen, die hohen Belastungen ausgesetzt werden können, besteht beim Autoklaven – resp. bei den zu ihm führenden Kapillaren – die Möglichkeit, unerwünschte Gase (Sauerstoff) durch abwechselndes Belasten und Entlasten mit einem Schutzgas zu beseitigen.

Ein unter Belastung stehendes Gefäss darf nicht in einem gewöhnlichen Labor entspannt werden. Das muss entweder im Freien geschehen oder über Druckkapillaren, die ins Freie führen.

Der entspannte Autoklav wird analog geöffnet und entleert, wie man ihn gefüllt und verschlossen hat.

Mit diesem Kapitel geht auch mein Manuskript zu Ende. Ich hoffe, damit die Phantasie des Praktikers etwas angeregt zu haben. Das gilt vor allem dann ganz besonders, wenn er es mit den auf Wasser und Sauerstoff oft hochempfindlichen Substanzen der metallorganischen Chemie zu tun hat.

Glossar

Chromschwefel-säure	Gemisch aus 40g $Na_2Cr_2O_7$, 100ml H_2O und 1000ml H_2SO_4 98%ig. Vorsicht! Bei der Herstellung erfolgt eine starke Erhitzung!
Dewargefäss	Wärmeisoliergefäss, wie Thermosflasche
Edukt	Ausgangsstoff einer chemischen Reaktion
Giftballon	= → Propipette
inert	untätig, träge; hier speziell: reaktionsträge
Kapelle	Arbeitsplatz mit Seitenwänden und Rückwand, Schiebefenster und Abzugshaube über dem Labortisch
Kp^{760}	Kochpunkt unter 760 mm Quecksilbersäule Druck
Propipette	Kleiner Gummiballon mit 3 Ventilen, um Flüssigkeiten mit der Pipette aufzusaugen
Putzsäure	= → Chromschwefelsäure

Stichwortverzeichnis

A

Abdampfen	
rasch und schonungsvoll	85
Abgiessen	106
Abpipettieren	112
Adhäsionskräfte	92
Agitation	48
Alkalimetalle	25
Aluminiumfolie	27
Ampullen	121
abfüllen fester Stoffe	124
entleeren	130
Öffnen	129
verschliessen	127
Apparaturen	31
Arbeiten	
unter Schutzgas	10
Argon	10
Äthyläther	27
Aufbau	
einer Apparatur	10
Autoklav	131

B

Brunnerrührer	46, 48, 54
Bunsenbrenner	127

C

Chirurgenhandschuhe	126
Chromschwefelsäure	93, 121
CO_2-Löscher	29
Cuvetten	130

D

Dampfdruckwert	11
Dekantieren	105
Destillation	76, 78
Dewargefäss	53

E

Edukt	66
leicht flüchtig	72
Einengung	80
Eintauchnutschen	41
Eintropfen	
einfaches	63
grosse Mengen	69
Ende	133
Entgasung	24, 94
Entgasung, Definition	24
Erwärmung	58
Etikette	128

F

Federchen	23
Feuchtigkeit	10
Filterrückstand	
feinkörniger	96
Filtration	
direkte	92, 95
umgekehrte	93, 102
Filtrationsfläche	38
Flammenwerfer	29
Fraktionenwechsels	89
Fraktionierte Destillation	88

135

Fritten	37

G

Gasstrom	12
Gaswaschflasche	81
Gebläse	127
gerader Übergang	118
gerades Verbindungsstück	118
geschlossene Hülse	47
Giftballon	112
Glasfritten	37
Glasnutschen	93
Glaswatte	93
Gummischläuche	12
Gummistopfen	127

H

Hauterkrankungen	126
Helium	10
helligkeitsempfindlich	27
Hochvakuum	13
höhere Tonlage	11

I

inert	10
Injektionsspritzen	122
Interkeyhahn	20
Intervalle	88

K

Kanüle	122
Kapelle	11
Kapillaren	78
Kegel	119
Kolbenpipetten	123
Kolonne	13, 44
Korkring	99

KPG-Rührer	46, 54
Kristallisat	99
Krümmer	107
Kryomat	26
Kryostat	26, 60
Kugelmühle	48
Kugelvergleich	66
Kühlaggregate	60
Kühler	44
Kühlfalle	45
überdimensioniert	81
Kühlflüssigkeit	35
Kühlmaschinen	26
Kühlmittel	26
Kühlung	60
Küken	21
Kupferoxidzylinderchen	13

L

Laborbrand	29
Leybold	18
Licht	27
Lösungsmittel	24
leichtflüchtige	28
Lösungsmittelmengen	
grosse	84
Luftsauerstoff	10

M

Magnetrührer	48, 49
Versagen	53
Manometer	17
Mutterlauge	99

N

Neon	10
NMR-Röhrchen	130

Normalschliff	19
Nylonbekleidung	29

O

Ölbäder	52
Ölpumpe	11
Ölpumpenvakuum	11
Optimalvakuum	11

P

Pfeiffer	18
Pinzette	127
Polyäthylenschlauch	68
Propipette	112
Putzsäure	121

Q

Quecksilberdämpfe	
Schutz vor	17
Quecksilberventil	17

R

Randzone	69
rauchen	29
Reagenzgläser	121
Reaktionsgemisch	53
Reibungskräfte	92
Rotation	48
Rotationszentrum	66
Rückfluss	75, 76
Rückfluss und Destillation	76
rückflussieren	24
Rückflusskühler	70
Rundkolben	34

S

Salz-Eisgemisch	26
Saugballon	113
Sauginstrument	112
Schlenk	35
Schliffe	19
Sicherung	22
Schlifffett	21
Schliffklammern	23
Schüttelmaschine	48, 57
Schutzgas	10, 13
Schutzgasanlage	10
schwächster Teil	15
Schweinchen	88
Schwenken	48
Siedesteine	76
Siedeverzug	76
Simmerring	54
Siphon	69
Siphonieren	108
Spinne	88
Stabpipetten	112
Stahlgefäss	132
Stickstoff	10
Reinheit	13
Stickstoffatmosphäre	24
Stickstoffstrom	11
Substanzen	
Lösen von der Wandung	50
Suspension	105
System	12

T

Tauchsieder	58
Tefloflexhahn	20
Teflonband	124
Temperaturen	
tiefere	60
Thörner-Apparat	89

Transport	87
Trennung	103
Trocknungsmittel	78
Tropftrichter	42, 63

U

Überdruck	22
Überdruckventil	15
Ultraschallsonde	48
Umfüllen	116
Umweltschutz	84

V

Vakuum	11
Vakuumschläuche	12
Vakuumvorstoss	101
Verbindungsstücke	116
Vermahlen	48
Vibration	48
Vibrator	48, 56
Vollpipetten	112
Vorratsgefäss	39
Vorstoss nach Thiele-Anschütz	90
Vortrocknen	25

W

Wasserstrahlpumpen	11
Wasserstrahlvakuum	11
untere Grenze	11
Weichmetalldichtung	132
Wirbel	32

Z

Zeigefinger	126
Zeit	101
Zündung	29

Nachwort des Herausgebers

Ich hoffe, die Lektüre hat Ihnen gefallen und Sie konnten Ihren Nutzen daraus ziehen. Sollte Ihnen das eine oder andere etwas veraltet vorkommen, bedenken Sie bitte, dass dieses Buch vor 50 Jahren geschrieben wurde, als es noch keine Computer in den Wohnzimmern oder Studentenbuden gab; ja sogar die Schreibmaschine war nicht in allen Haushalten vorhanden.

Auch die Idee eines Smartphone war noch nicht angedacht.

Also haben Sie etwas Nachsicht und erfreuen Sie sich am vorhandenen Material.

Zur Erbauung ist nachfolgend noch die Kostenschätzung für die Veröffentlichung des "Buches" angefügt. Wachsmatrizen waren damals ein gängiges Mittel, um einfache Texte im Sinne eines Vorlesungs-Manuskriptes zu verfassen. Die Schüler und Studenten halfen bei der "Vervielfältigung" gerne mit, da beim manuellen Durchdrehen Seite für Seite neben dem blauen "Druck" auch viel Alkohol auf die Blätter gelangte und verdunstete.

Die Kontrolle der Schreibarbeit hört sich einfach an. Heutzutage erfasst man einen Text auf dem PC, und wenn es einen Fehler hat, löscht man halt den falschen Buchstaben, oder was auch immer falsch ist, und schreibt den richtigen. Damals musste die Wachsmatrize korrigiert werden, was zum Teil von Hand gemacht wurde, zum Teil musste man die ganze fehlerhafte Seite nochmals abschreiben. Also längere Schreibarbeit und eine Matrize à 70 Rp. futsch. Die Kostenschätzung dient auch als Beispiel einer "korrigierten" Schreibmaschinenseite. Nur unser Nachname ist trotzdem zweimal falsch.

Am Ende hätte man ca. 200 Exemplare à 70 Seiten, einseitig beschrieben und ungebunden. Ich möchte mir das Chaos nicht vorstellen müssen, wenn der Papierstapel aus Versehen heruntergefallen wäre.

Viel Vergnügen

```
Arbeit von Herrn Mathys, ganz grob geschätzter Kostenvoranschlag

Feste Kosten:
Schreibarbeit ca. 20 Std. à Fr. 11.50 = ca.70 S.         Fr. 230.--
Abbildungen (ca. 84) und Kontrolle der
Schreibarbeit durch Herrn Mathys

+ Kosten bei Vervielfältigung:
70 Wachsmatrizen à 70 Rp.                                Fr.  49.-
84 Alkoholmatrizen à 45 Rp                                "   40.-
15 000 Blatt Papier
das Vervielfältigen kann durch die Zentrale ETH erfol-
gen und ist kostenlos.
Nachteil: Das Buch wird sehr dick.

+ Kosten bei Xeroxverfahren:
1 Xeroxkopie= 20 Rp., 15 000 Xeroxkopien                 Fr. 3000.-
Nachteil: Das Buch wird sehr dick.


Offsetverfahren (bis im Sommer noch privat vergeben)
100 Blatt = 12-15 Fr. (Auskunft Herr Wild, 2120)
ca. 13 000 Blatt, wenn Zeichnungen im Text ein-
gebaut werden                                            Fr. 2000.--
```

Abbildung 86: Ursprüngliche Kostenschätzung

Raum für Ihre Notizen

www.ingramcontent.com/pod-product-compliance
Lightning Source LLC
Chambersburg PA
CBHW070248230526
45470CB00002B/524